U0311520

国家高技能人才培训基地系列教材

编 委 会

主　编：叶军峰

编　委：郑红辉　黄丹凤　苏国辉

　　　　唐保良　李娉婷　梁宇滔

　　　　汤伟文　吴丽锋　蒋　婷

国家高技能人才培训基地系列教材

注射模具
设计与制造

ZHUSHE MUJU
SHEJI YU ZHIZAO

主　编 ◎ 廖志财

副主编 ◎ 巫晓金

暨南大学出版社
JINAN UNIVERSITY PRESS

中国·广州

图书在版编目（CIP）数据

注射模具设计与制造/廖志财主编；巫晓金副主编．—广州：暨南大学出版社，2017.6
（国家高技能人才培训基地系列教材）
ISBN 978 - 7 - 5668 - 2039 - 6

Ⅰ．①注…　Ⅱ．①廖…②巫…　Ⅲ．①注塑—塑料模具—设计—高等职业教育—教材②注塑—塑料模具—制造—高等职业教育—教材　Ⅳ．①TQ320.5

中国版本图书馆 CIP 数据核字（2017）第 009360 号

注射模具设计与制造
ZHUSHE MUJU SHEJI YU ZHIZAO
主编：廖志财　副主编：巫晓金

出 版 人：徐义雄
责任编辑：刘碧坚
责任校对：张学颖
责任印制：汤慧君　周一丹

出版发行：暨南大学出版社（510630）
电　　话：总编室（8620）85221601
　　　　　营销部（8620）85225284　85228291　85228292（邮购）
传　　真：（8620）85221583（办公室）　85223774（营销部）
网　　址：http：//www.jnupress.com　http：//press.jnu.edu.cn
排　　版：广州尚文数码科技有限公司
印　　刷：深圳市新联美术印刷有限公司
开　　本：787mm×1092mm　1/16
印　　张：15.25
字　　数：357 千
版　　次：2017 年 6 月第 1 版
印　　次：2017 年 6 月第 1 次
定　　价：40.00 元

（暨大版图书如有印装质量问题，请与出版社总编室联系调换）

总　序

国家高技能人才培训基地项目，是适应国家、省、市产业升级和结构调整的社会经济转型需要，抓住现代制造业、现代服务业升级和繁荣文化艺术的历史机遇，积极开展社会职业培训和技术服务的一项国家级重点培养技能型人才项目。2014 年，广州市轻工技师学院正式启动国家高技能人才培训基地建设项目，此项目以机电一体化、数控技术应用、旅游与酒店管理、美术设计与制作 4 个重点建设专业为载体，构建完善的高技能人才培训体系，形成规模化培训示范效应，提炼培训基地建设工作经验。

教材的编写是高技能人才培训体系建设及开展培训的重点建设内容，本系列教材共 14本，分别如下：

机电类：《电工电子技术》《可编程序控制系统设计师》《可编程序控制器及应用》《传感器、触摸屏与变频器应用》。

制造类：《加工中心三轴及多轴加工》《数控车床及车铣复合车削中心加工》《Solid-Works 2014 基础实例教程》《注射模具设计与制造》《机床维护与保养》。

商贸类：《初级调酒师》《插花技艺》《客房服务员（中级)》《餐厅服务员（高级)》。

艺术类：《广彩瓷工艺技法》。

本系列教材由广州市轻工技师学院一批专业水平高、社会培训经验丰富、课程研发能力强的骨干教师负责编写，并邀请企业、行业资深培训专家，院校专家进行专业评审。本系列教材的编写秉承学院"独具匠心"的校训精神、"崇匠务实，立心求真"的办学理念，依托校企合作平台，引入企业先进培训理念，组织骨干教师深入企业实地考察、访谈和调研，多次召开研讨会，对行业高技能人才培养模式、培养目标、职业能力和课程设置进行清晰定位，根据工作任务和工作过程设计学习情境，进行教材内容的编写，实现了培训内容与企业工作任务的对接，满足高技能人才培养、培训的需求。

本系列教材编写过程中，得到了企业、行业、院校专家的支持和指导，在此，表示衷心的感谢！教材中如有错漏之处，恳请读者指正，以便有机会修订时能进一步完善。

广州市轻工技师学院

国家高技能人才培训基地系列教材编委会

2016 年 10 月

前　言

模具是工业生产中极其重要而又不可或缺的特殊基础工艺装备，是高技术含量和高附加值的产品，在国民经济中有极其重要的作用与地位。目前我国模具产能超过 2000 亿元，已发展成为世界模具生产大国，但与世界先进水平相比，无论是在技术、工艺、管理、产品水平还是生产方式及服务理念等方面，仍存在较大差距。

"十三五"规划中我国模具工业将以由大变强为主线，依托创新驱动、科学发展，加强转型升级、深化改革，继续实施项目带动和出口带动战略，制造水平和质量的提升将优先于产能的增长，使我国在 2020 年开始进入世界模具强国之列，并为 2025 年达到国际先进水平提供有利条件。然而，现阶段我国模具行业人才紧缺，尤其缺乏高水平、高素质的模具人才。面对数字化制造、智能制造以及新兴产业不断发展的要求，必须加快创新型、复合型人才和高技能技术人才的培养。基于此，我们编写了本书，以期为模具专业人才培养出一分绵力。

专业性、可读性、实用性及指导性是我们编写本书的宗旨，具体体现在以下五个方面：

第一，在内容编排上做到理论与实践相结合，既强调基本专业理论的指导作用，更关注运用 CAD/CAM 软件从事模具设计与制造的实践能力的培养。

第二，从模具初学者的角度出发，由浅入深、循序渐进，编写中尽量采用可视化的方式，力求做到图文并茂，通俗易懂，便于自学。

第三，素材源于模具企业的生产实际，所选的模具设计与制造案例极具典型性和代表性，有利于初学者快速掌握模具基本功并逐步达到融会贯通的目的。

第四，按照最新版的制图标准进行绘图，符合相关制图规范。

第五，根据当前中等职业技术学校学生的学习特点，本书还配备了网上学习资料，内容主要针对模块 3、模块 4 模具设计与制造典型案例，供读者练习和参考使用。

本书由广州市轻工技师学院廖志财担任主编并负责统稿，巫晓金任副主编，其中模块 4 任务 6、任务 7 由巫晓金编写，其余各章节由廖志财编写。

本书在编写过程中参阅了多部模具专业著作，部分内容参考了笔者曾经工作过的东莞伟易达公司工模部的模具设计指导文件，在此谨向相关作者及企业表示衷心的感谢！

一些模具专业名词，在模具行业内不止一种叫法，例如注射模又称注塑模，定模又称前模，动模又称后模；型腔镶件又称凹模，型芯镶件又称凸模，两者统称模仁；滑块又称行位，楔紧块又称撑鸡；支撑柱又称撑头；推杆又称顶针，复位杆又称回程杆或回针，推管又称司筒；垫铁又称方铁或凳仔方；定位环又称定位圈，浇口套又称主流道衬套或唧咀；浇口又称入水口等。笔者认为，对于初学者有必要认识并逐步熟悉这些专业名词，因此在书中未做划一处理，特此说明。

由于作者水平有限，加之成书时间仓促，书中难免存在错漏之处，恳请读者批评指正。

编　者
2016 年 10 月

目录
▶▶ CONTENTS

总　序 ·· 1

前　言 ·· 1

模块 1　模具基础知识 ·· 1
  任务 1　模具认知 ·· 1
  任务 2　塑料认知 ·· 4
  任务 3　塑料成型方法认知 ··· 21
  任务 4　注射成型设备认知 ··· 23

模块 2　注射模具结构设计 ·· 35
  任务 1　塑件结构设计 ··· 35
  任务 2　分型面的选择 ··· 49
  任务 3　浇注系统设计 ··· 55
  任务 4　模具结构类型的选定 ·· 73
  任务 5　脱模机构设计 ··· 75
  任务 6　行位机构设计 ··· 85
  任务 7　模具温度的控制 ··· 102
  任务 8　排气方法的选用 ··· 107

模块 3　粉笔刷壳体注射模具设计 ······································ 110
  任务 1　塑件三维造型 ··· 111

任务 2　塑件工程图制作 ·· 114

任务 3　模具装配图设计 ·· 123

任务 4　分　模 ·· 142

任务 5　拆电极 ··· 150

模块 4　大象手机支架注射模具制造 ·· 154

任务 1　大象手机支架注射模具装配图的设计 ··························· 155

任务 2　凹模的加工 ·· 157

任务 3　凸模的加工 ·· 197

任务 4　顶针固定板的加工 ··· 214

任务 5　浇口套及顶针的加工 ·· 217

任务 6　模具修配及抛光 ··· 220

任务 7　模具装配与调试 ··· 224

参考文献 ·· 237

模具基础知识

本模块主要介绍模具基本知识，塑料的种类、特性及应用，塑料的主要成型方法，注射成型设备等模具基础知识。

任务 **1** 模具认知

一、模具工业在国民经济中的作用与地位

模具是一种具有特定形状的工作型面，通过加压加热等方法制造金属或非金属零件的专用工具。在现代生产中，模具是生产各种工业产品的重要工艺装备。例如，冲压件和锻件是通过冲压或锻造方式使金属材料在模具内发生塑性变形而获得的；金属压铸件、粉末冶金零件以及塑料、陶瓷、橡胶、玻璃等非金属制品，绝大多数也是用模具成型的。由于模具成型具有优质、高产、省料和低成本等特点，现已在国民经济各个部门，特别是汽车、拖拉机、航空航天、仪器仪表、机械制造、家用电器、石油化工、轻工日用品等工业部门得到了极其广泛的应用。据资料统计，利用模具制造的零件数量，在飞机、汽车、摩托车、拖拉机、电机、电器、仪器仪表等机电产品中占80%以上；在电脑、电视机、摄像机、照相机、录像机等电子产品中占85%以上；在电冰箱、洗衣机、空调、电风扇、自行车、手表等轻工业产品中占90%以上；在子弹、枪支等兵工产品中占95%以上。图1-1所示为利用模具生产的各类五金及塑料制品。

图1-1 各类五金及塑料制品

随着社会经济的发展，人们对工业产品的品种、数量、质量及款式都有越来越高的要求。为了满足人类的需要，世界上工业发达的国家都十分重视模具技术的开发，大力发展模具工业。模具生产技术水平的高低，已成为衡量一个国家产品制造水平高低的重要标志，在很大程度上决定着产品的质量、效益和新产品的开发能力。

模具被称为"工业之母""效益放大器"。模具工业能促进工业产品生产的发展和质量的提高，并能获得极大的经济效益，因而引起了世界各国的高度重视。美国工业界认为"模具工业是美国工业的基石"，日本称模具工业为"进入富裕社会的原动力"，在德国，模具工业被冠以"金属加工业中的帝王"之称号，而欧盟一些国家称"模具就是黄金"，新加坡政府则把模具工业作为"磁力工业"，中国模具权威人士称"模具是印钞机"。随着工业生产的迅速发展，模具工业在国民经济中的地位将日益提高，模具技术也会不断发展，并在国民经济发展过程中发挥着越来越重要的作用。

二、模具成型工艺的特点

(1) 生产效率高，适用于大批量零件与制品的加工与制造。

(2) 属少、无切屑加工，节省原材料，材料的利用率较高。

(3) 制成品精度高，尺寸稳定，内部质量较好，具有良好的互换性。

(4) 操作工艺简单，对操作者的技能要求低。

(5) 能制造出用其他加工工艺难以加工的、形状复杂的制品。

(6) 采用模具成型工艺生产零件容易实现生产的自动化及半自动化。

(7) 用模具成型工艺批量生产零件与制品，成本低、经济效益高。

三、模具的分类

科学地对模具进行分类，对有计划地发展模具工业，系统地研究和开发模具生产技术具有重要的技术经济意义，对研究和制定模具技术标准体系具有重要的价值。模具分类方法很多，过去常使用的有：按模具结构形式分类，如单工序模、复合模等；按使用对象分类，如汽车覆盖件模具、电机模具等；按加工材料性质分类，如金属制品用模具、非金属制品用模具等；按模具制造材料分类，如硬质合金模等；按工艺性质分类，如拉深模、粉末冶金模、锻模等。在这些分类方法中，有些不能全面地反映各种模具的结构和成型加工工艺的特点，以及它们的使用功能。为此，采用以使用模具进行成型加工的工艺性质和使用对象为主的综合分类方法，将模具分为十大类，见表1-1。各大类模具又可根据模具结构、材料、使用功能以及制模方法等分为若干小类或品种。

表 1-1 模具的分类

序号	模具类型	模具品种	使用对象及成型工艺性质
1	冲压模具（冲模）	按工艺性质分为冲孔模、落料模、弯曲模、拉深模、成型模等；按工序组合程度分为单工序模、复合模、级进模；按用途分为汽车覆盖件冲模、电机硅钢片冲模、硬质合金冲模、微型件用精密冲模等	金属板材冲压成型
2	塑料成型模具	注射模、压缩模、挤塑模、挤出模、发泡成型模、吹塑模、吸塑模等	塑料制品成型
3	压铸模	热室压铸机用压铸模、冷室压铸机用压铸模、有色金属（锌、铝、铜、镁合金）压铸模、黑色金属压铸模	金属压力铸造成型工艺
4	锻模	压力机用锻模、平锻机用锻模、辊锻机用锻模、高速锤用锻模；各种紧固件冷镦模、挤压模、拉丝模、液态锻造用模具等	金属零件成型，采用锻压、挤压等
5	铸造模	易熔型芯用金属型模、低压铸造用金属型模、金属浇注用金属型模	金属浇铸成型工艺
6	粉末冶金成型模具	1. 成型模：（1）手动模：实体单向、双向手动压模，手动实体浮动压模；（2）机动模：大型截面实体浮动压模，极掌单向压模，套类单向、双向压模，套类浮动压模 2. 整形模：（1）手动模：径向整形模，带外台阶套类全整形模，带球面件整形模等；（2）机动模：无台阶实体件自动整形模，轴套拉杆式半自动整形模，轴套通过式自动整形模，轴套全整形自动模，带外台阶与带外球面轴套全整形自动模等	铜基、铁基粉末压制成型
7	玻璃制品成型模具	注压成型模、吹—吹法成型瓶罐模、压—吹法成型瓶罐模、玻璃器皿模具等	玻璃制品成型工艺
8	橡胶制品成型模具	压胶模、挤胶模、注射模、橡胶轮胎模、O型密封圈橡胶模等	橡胶压制成型工艺
9	陶瓷模具	压缩模、注射模等	陶瓷制品成型工艺
10	经济模具（简易模具）	低熔点合金成型模具、薄板冲模、叠层冲模、硅橡胶模、环氧树脂模、陶瓷型精铸模、叠层型腔塑料模、快速电铸成型模等	适用于产品试制，多品种、少批量生产

据统计，目前我国模具的结构比例如下：冲压模约占 37%，塑料模约占 43%（绝大多数为注射模），铸造模（包含压铸模）约占 10%，锻模、轮胎模、玻璃模等其他类模具约占 10%，与工业发达国家的模具类别比例一致。其中冲压模及注射模是产量比重最大的两类模具。如图 1-2、图 1-3 所示，分别为一套冲压模和一套注射模。

图 1-2　冲压模

图 1-3　注射模

任务 ②　塑料认知

一、塑料的组成

塑料是以合成树脂为主要原料，加入必要的添加剂，在一定温度和压力下塑造成一定形状，并在常温下能保持既定形状的高分子有机材料。塑料的主要成分是树脂，其性质主要由树脂决定，但是单纯的树脂往往不能满足成型生产中的工艺要求和成型后的使用要求，必须在树脂中添加一定数量的添加剂，并通过这些添加剂来改善塑料的性能。

塑料添加剂按其特定功能可分为七大类：①改善加工性能的添加剂，如热稳定剂、润滑剂等；②改善机械加工性能的添加剂，如增塑剂、增韧剂等；③改善表面性能的添加剂，如抗静电剂、偶联剂等；④改善光学性能的添加剂，如着色剂等；⑤改善老化性能的添加剂，如抗氧剂、光稳定剂等；⑥降低塑料成本的添加剂，如增量剂、填充剂等；⑦赋予其他特定效果的添加剂，如发泡剂、阻燃剂、防霉剂等。

二、塑料的特性

（1）轻质。

无填料的塑料的相对密度为 0.82~22，是钢铁的 1/8~1/4。有填料的塑料的相对密度也只有铝的 1/2。因此，塑料的比强度反而比金属大。

（2）耐腐蚀性良好。

塑料在水、水蒸气、酸、碱、盐、汽油等化学介质中，大多比较稳定，不起化学变化。在某些强腐蚀性介质中，有些塑料的耐蚀性甚至超过某些贵金属。因此，在工业生产中，许多设备是由塑料制造的。所谓"塑料王"——聚四氟乙烯，在很宽的温度范围内，在许多强腐蚀性的化学介质中，甚至王水中，都是稳定的。

（3）加工和成型的工艺性能良好。

塑料的加工成型方法很多，而且加工方法简单。热塑性的塑料在很短的时间内即可成型，比金属加工成零件的车、铣、刨、钻、磨等工序简单得多。塑料也可以采用机械加工，大多数塑料便于焊接。

（4）电绝缘性良好。

大多数塑料有优良的电绝缘性，在高频电压下，可以作为电容器的介电材料和绝缘材料，也可以应用于电视、雷达等装置中。

（5）摩擦系数小。

塑料制成的机械传动部件，机械动力的损耗小，有的甚至可以不加润滑剂，或用水润滑即可。这是金属材料所无法比拟的。

（6）耐热性差。

大多数塑料的耐热性差，一般只可在100℃以下使用，有的使用温度不能超过60℃，少数可以在200℃左右的条件下使用。高于这些温度，塑料即软化、变形，甚至丧失使用性能。

（7）塑料较容易变形。

大多数塑料比金属容易变形，这是作为工程材料的塑料的最大缺点。金属材料在较高温度下，才有显著的蠕变现象；而塑料即使是在室温下，经过长时间受力，也会缓慢变形，并且随温度升高，蠕变加剧。热塑性塑料的蠕变更为严重。添加填料或使用金属、玻璃纤维、碳纤维等增强材料的塑料，可使所受外力分布到较大的面积上，蠕变会减轻。

（8）塑料会逐步老化。

塑料制品在使用的过程中，由于大气中氧气、臭氧、光、热等环境因素和各类机械力的作用，以及树脂内部微量杂质的存在，塑料的性能变坏，甚至丧失使用价值，即为塑料的老化。当然，如果在塑料中加入一些防老化剂，或者在塑料的表面喷涂防老化剂阻隔或减轻光和热的作用，可以减缓塑料的老化速度，延长使用寿命。

三、塑料的分类

塑料种类很多，到目前为止世界上投入生产的塑料有300多种。表1-2列举的是部分常用塑料的名称及收缩率。

表1-2　部分常用塑料的名称及收缩率

英文学名	简称	中文学名	俗称	回收标识	收缩率（%）
Polyethylene	PE	聚乙烯			0.5 ~ 2.5
High Density Polyethylene	HDPE	高密度聚乙烯	硬性软胶	02	1.5 ~ 3.5
Low Density Polyethylene	LDPE	低密度聚乙烯		04	1.5 ~ 3.0
Linear Low Density Polyethylene	LLDPE	线性低密度聚乙烯			1.5 ~ 3.0
Polyvinyl Chloride	PVC	聚氯乙烯	搪胶	03	1.5 ~ 2.5
Polypropylene	PP	聚丙烯	百折软胶	05	1.0 ~ 3.0
Polystyrene	PS	聚苯乙烯		06	0.2 ~ 1.0
General Purpose Polystyrene	GPPS	通用级聚苯乙烯	硬胶		0.4 ~ 0.8
Expansible Polystyrene	EPS	聚苯乙烯泡沫	发泡胶		0.4
High Impact Polystyrene	HIPS	耐冲击性聚苯乙烯	耐冲击硬胶		0.4 ~ 0.6
Styrene – Acrylonitrile Copolymers	AS, SAN	苯乙烯—丙烯腈共聚物	透明大力胶		0.2 ~ 0.7
Acrylonitrile – Butadiene – Styrene Copolymers	ABS	丙烯腈—丁二烯—苯乙烯共聚物	超不碎胶		0.4 ~ 0.7
Polycarbonates	PC	聚碳酸酯	防弹玻璃	07	0.5 ~ 0.7
Polyacetal	POM	聚甲醛	赛钢、夺钢		1.8 ~ 2.6
Polymethyl Methacrylate	PMMA	聚甲基丙烯酸甲酯	亚克力、有机玻璃		0.5 ~ 0.7
Ethylene – Vinyl Acetate Copolymers	EVA	乙烯—醋酸乙烯共聚物	橡皮胶		0.5 ~ 1.5
Polyethylene Terephthalate	PET	聚对苯二甲酸乙二醇酯	涤纶树脂	01	2.0 ~ 2.5
Polybutylene Terephthalate	PBT	聚对苯二甲酸丁二酯	聚酯		1.3 ~ 2.2
Polyamide（Nylon 6）	PA6	聚酰胺	尼龙		0.7 ~ 1.5
Polyamide（Nylon 66）	PA66	聚酰胺	尼龙		1.0 ~ 2.5
Polyphenylene Oxide	PPO	聚苯醚			0.5 ~ 0.7
Polyphenylene Sulfide	PPS	聚亚苯基硫醚	聚苯硫醚		0.6 ~ 1.4
Polyurethanes	PU	聚氨基甲酸乙酯	聚氨酯		0.6 ~ 0.8
Phenol – Formaldehyde Resin	PF	酚醛	电木		0.4 ~ 0.9
Melamine – Formaldehyde Resin	MF	三聚氰胺—甲醛	密胺		0.5 ~ 1.5

塑料的分类方法较多，常用的有两种，即按用途或受热特性进行分类，详见表1-3。

表1-3 塑料的分类

分类方式	塑料类型	基本概念	特点	塑料品种举例
按用途分类	通用塑料	只具备塑料材料的一般特性，而不能代替金属作为工程结构材料使用	产量大、用途广、性能要求不高、成本低	聚乙烯（PE）、聚丙烯（PP）、聚苯乙烯（PS）、改性聚苯乙烯（如SAN、HIPS）、聚氯乙烯（PVC）等
	工程塑料	可作工程材料和代替金属制造机器零部件等的塑料	机械性能，电气性能，对化学环境的耐受性，对高温、低温的耐受性等方面都具有较优越的特点，在工程技术上甚至能取代某些金属材料	ABS、聚酰胺（PA，俗称尼龙）、聚碳酸酯（PC）、聚甲醛（POM）、有机玻璃（PMMA）、聚酯树脂（如PET、PBT）等 注：前四种发展最快，为国际上公认的四大工程塑料
按受热特性分类	热塑性塑料	在受热条件下软化熔融，冷却后定型，并可多次反复而始终具有可塑性，加工仅发生物理变化，而不发生化学反应	这类塑料在一定塑化温度及适当压力下成型，成型过程比较简单，其塑料制品具有不同的物理性能和机械性能，可循环利用	聚氯乙烯（PVC）、聚乙烯（PE）、聚丙烯（PP）、聚苯乙烯（PS）及其改性品种、ABS、尼龙（PA）、聚甲醛（POM）、聚碳酸酯（PC）、有机玻璃（PMMA）等
	热固性塑料	在受热后分子结构由线型结构转化成网状或体型结构，发生交联化学反应而固化定型，变硬后即使加热也不能使它再软化，如温度过高则会发生分解	质地坚硬，耐热性好，尺寸比较稳定，不溶于溶剂。一般只能一次性使用，不可循环利用	酚醛塑料（PF，俗称电木粉）、环氧树脂（EP）、不饱和聚氨酯（PU）等

注射成型一般采用热塑性塑料，但近年来，随着新技术的发展，一些热固性塑料也可用于注射成型。

四、常用热塑性塑料的基本特性、主要用途及成型特点

1. 聚乙烯（PE）

（1）基本特性。

聚乙烯塑料是塑料工业中产量最大的品种。按聚合时采用的压力方式不同可分为高压、中压和低压三种。低压聚乙烯的分子链上支链较少，相对分子质量、结晶度和密度较高（又称"高密度聚乙烯"），所以比较硬，耐磨、耐腐蚀、耐热及绝缘性较好。高压聚乙烯分子带有许多支链，因而相对分子质量较小，结晶度和密度较低（称"低密度聚乙烯"），且具有较好的柔软性、耐冲击性及透明性。

聚乙烯无毒、无味、呈乳白色。密度为 $0.91 \sim 0.96 \text{g/cm}^3$，有一定的机械强度，但和其他塑料相比机械强度低，表面硬度差。聚乙烯的绝缘性能优异，常温下聚乙烯不溶于任何一种已知的溶剂，并耐稀硫酸、稀硝酸和任何浓度的其他酸以及各种浓度的碱、盐溶液。聚乙烯有高度的耐水性，长期与水接触其性能可保持不变。其透水汽性能较差，而透氧气和二氧化碳以及许多有机物质蒸气的性能好。在热、光、氧的作用下会老化和变脆。一般高压聚乙烯的使用温度为 80℃ 左右，低压聚乙烯为 100℃ 左右。聚乙烯耐寒性良好，在 −60℃ 下仍有较好的力学性能，−70℃ 下仍有一定的柔软性。

（2）主要用途。

低压聚乙烯可用于制造塑料管、塑料板、塑料绳以及承载不高的零件，如齿轮、轴承等；高压聚乙烯常用于制作塑料薄膜、软管、塑料瓶以及电气工业的绝缘零件和包覆电缆等。图 1−4 所示为常见的聚乙烯塑料制品。

（保鲜膜）　　（手电筒）　　（交通路锥）　　（洗衣液瓶）

图 1−4　聚乙烯塑料制品

（3）成型特点。

聚乙烯成型时，在流动方向与垂直方向上的收缩差异较大，注射方向的收缩率大于垂直方向的收缩率，易产生变形，并使塑件浇口周围部位的脆性增加。聚乙烯收缩率的绝对值较大，成型收缩率也较大，易产生缩孔。冷却速度慢，必须充分冷却，且冷却速度要均匀。质软易脱模，塑件有浅的侧凹时可强行脱模。

2. 聚丙烯（PP）

（1）基本特性。

聚丙烯俗称百折软胶，无色、无味、无毒。外观似聚乙烯，但比聚乙烯更透明更轻。密度仅为 $0.90 \sim 0.91 \text{g/cm}^3$。它不吸水，光泽好，易着色。屈服强度、抗拉强度、抗压强

度和硬度及弹性比聚乙烯好。定向拉伸后聚丙烯可制作铰链，有特别高的抗弯曲疲劳强度。如用聚丙烯注射成型一体铰链（盖和本体合一的各种容器），经过 7×10^7 次开闭弯折未产生损坏和断裂现象。聚丙烯熔点为 164℃ ~ 170℃，耐热性好，能在 100℃ 以上的温度下进行消毒灭菌。其低温使用温度达 -15℃，低于 -35℃ 时会脆裂。聚丙烯的高频绝缘性能好。因不吸水，绝缘性能不受湿度的影响。但在热、光、氧的作用下极易解聚、老化，所以必须加入防老化剂。

（2）主要用途。

聚丙烯可用来制作各种机械零件如法兰、接头、泵叶轮、汽车零件和自行车零件。做水、蒸汽、各种酸碱等的输送管道，化工容器和其他设备的衬里、表面涂层。制造盖和本体合一的箱壳，各种绝缘零件，并用于医药工业中。图 1 - 5 所示为常见的聚丙烯塑料制品。

（一次性水杯）　　　（饭盒）　　　（水桶）　　　（水管及接头）

图 1 - 5　聚丙烯塑料制品

（3）成型特点。

成型收缩范围大，易发生缩孔、凹痕及变形；聚丙烯热容量大，注射成型模具必须设计能充分进行冷却的冷却回路。聚丙烯成型的适宜模温为 80℃ 左右，不可低于 50℃，否则会造成成型塑件表面光泽差或产生熔接痕等缺陷，温度过高会产生翘曲现象。

3. 聚氯乙烯（PVC）

（1）基本特性。

聚氯乙烯是世界上产量最大的塑料品种之一。聚氯乙烯树脂为白色或浅黄色粉末。根据不同的用途可以加入不同的添加剂，使聚氯乙烯塑件呈现不同的物理性能和力学性能。在聚氯乙烯树脂中加入适量的增塑剂，就可制成各种硬质、软质和透明制品。纯聚氯乙烯的密度为 1.4g/cm^3，加入了增塑剂和填料等的聚氯乙烯塑件的密度一般为 1.15 ~ 2.00g/cm^3。硬聚氯乙烯不含或含有少量的增塑剂，有较好的抗拉、抗弯、抗压和抗冲击性能，可单独用作结构材料。软聚氯乙烯含有较多的增塑剂，它的柔软性、断裂伸长率、耐寒性增加，但脆性、硬度、抗拉强度降低。聚氯乙烯有较好的电绝缘性能，可以用作低频绝缘材料。其化学稳定性也较好，但热稳定性较差，长时间加热会导致分解，放出氯化氢气体，使聚乙烯变色。其应用温度范围较窄，一般为 -15℃ ~55℃。

（2）主要用途。

由于聚氯乙烯的化学稳定性高，所以可用于防腐管道、管件、输油管、离心泵、鼓风机等。聚氯乙烯的硬板广泛用于化学工业上制作各种贮槽的衬里、建筑物的瓦楞板、门窗结构以及墙壁装饰物等建筑用材。由于电绝缘性能优良而用在电气、电子工业中，用于制造插座、插头、开关、电缆。在日常生活中，用于制造凉鞋、雨衣、玩具、人造革等。图1-6所示为常见的聚氯乙烯塑料制品。

（各类软管）　　　　（异型材）　　　　（地毯）　　　　（水管及接头）

图1-6　聚氯乙烯塑料制品

（3）成型特点。

聚氯乙烯在成型温度下容易分解放出氯化氢，所以必须加入稳定剂和润滑剂，并严格控制温度及熔料的滞留时间。不能用一般的注射成型机成型聚氯乙烯，应采用带预塑化装置的螺杆式注射机，因为聚氯乙烯耐热性和导热性不好，用一般的注射机将料筒内的物料温度加热到166℃~193℃时会引起分解。模具浇注系统应粗短，进料口截面宜大，模具应有冷却装置。

4．聚苯乙烯（PS）

（1）基本特性。

聚苯乙烯是仅次于聚氯乙烯和聚乙烯的第三大塑料品种。聚苯乙烯无色透明、无毒无味，落地时发出清脆的金属声，密度为$1.054g/cm^3$。聚苯乙烯的力学性能与聚合方法、相对分子质量大小、定向度和杂质量有关。相对分子质量越大，机械强度越高。聚苯乙烯有优良的电性能（尤其是高频绝缘性能）和一定的化学稳定性。能耐碱、硫酸、磷酸、10%~30%的盐酸、稀醋酸及其他有机酸，但不耐硝酸及氧化剂的作用。对水、乙醇、汽油、植物油及各种盐溶液也有足够的抗蚀能力。能溶于苯、甲苯、四氯化碳、氯仿、酮类和脂类等。聚苯乙烯的着色性能优良，能染成各种鲜艳的色彩。但耐热性低，热变形温度一般在70℃~98℃，只能在不高的温度下使用。质地硬而脆，有较高的热膨胀系数，因此，限制了它在工程上的应用。近几十年来，发展了改性聚苯乙烯和以苯乙烯为基体的共聚物，在一定程度上改善了聚苯乙烯的缺点，又保留了它的优点，从而扩大了它的用途。

（2）主要用途。

聚苯乙烯在工业上可做仪表外壳、灯罩、化学仪器零件、透明模型等。在电气方面可用于良好的绝缘材料、接线盒、电池盒等。在日用品方面广泛用于包装材料、各种容器、玩具等。图1-7所示为常见的聚苯乙烯塑料制品。

（发泡饭盒）

（冰箱隔板、储物箱）

（托盘）

图1-7 聚苯乙烯塑料制品

（3）成型特点。

流动性和成型性优良，成品率高，但易出现裂纹，成型塑件的脱模斜度不宜过小，但顶出要均匀。由于热膨胀系数高，塑件中不宜有嵌件，否则会因两者的热膨胀系数相差太大而导致开裂，塑件壁厚应均匀。宜用高料温、高模温、低注射压力成型并延长注射时间，以防止缩孔及变形，降低内应力，但料温过高，容易出现银丝。因流动性好，模具设计中大多采用点浇口形式。

5. 丙烯腈—丁二烯—苯乙烯共聚物（ABS）

（1）基本特性。

ABS由丙烯腈、丁二烯、苯乙烯共聚而成。这三种组分各自的特性，使ABS具有良好的综合力学性能。丙烯腈使ABS具有良好的耐化学腐蚀性及较好的表面硬度，丁二烯使ABS坚韧，苯乙烯使它具有良好的加工性能和染色性能。

ABS无毒、无味、呈微黄色，成型的塑件有较好的光泽。密度为$1.02 \sim 1.059 \text{g/cm}^3$。ABS有极好的抗冲击强度，且在低温下也不迅速下降。有良好的机械强度和一定的耐磨性、耐寒性、耐油性、耐水性、化学稳定性和电气性能。水、无机盐、碱、酸类对ABS几乎无影响，在酮、醛、酯、氯代烃中会溶解或形成乳浊液，不溶于大部分醇类及烃类溶剂，但与烃长期接触会软化溶胀。ABS塑料表面受冰醋酸、植物油等化学药品的侵蚀会引起应力开裂。ABS具有一定的硬度和尺寸稳定性，易于加工成型。经过调色可配成任何颜色。其缺点是耐热性不高，连续工作温度为70℃左右，热变形温度为93℃左右。耐候性差，在紫外线作用下易变硬发脆。

根据ABS中三种组分之间的比例不同，其性能也略有差异，从而适应各种不同的使用要求。ABS根据应用不同可分为超高冲击型、高冲击型、中冲击型、低冲击型和耐热型等。

（2）主要用途。

ABS在机械工业上用来制造齿轮、泵叶轮、轴承、把手、管道、电视外壳、仪表壳、仪表盘、水箱外壳、蓄电池槽、冷藏库和冰箱衬里等。汽车工业上用ABS制造汽车挡泥板、扶手、热空气调节导管、加热器等，还有用ABS夹层板制造小轿车车身。ABS还可用来制造水表壳、纺织器材、电器零件、文教体育用品、玩具、电子琴及收录机壳体、食品包装容器、农药喷雾器与家具等。图1-8所示为常见的ABS塑料制品。

（遥控器）

（电视）

（安全帽）
（玩具）

图 1-8 ABS 塑料制品

（3）成型特点。

ABS 在升温时黏度增高，所以成型压力较高，塑料上的脱模斜度宜稍大；ABS 易吸水，成型加工前应进行干燥处理。易产生熔接痕，模具设计时应注意尽量减小浇注系统对料流的阻力；在正常的成型条件下，壁厚、熔料温度及收缩率影响极小。要求塑件精度高时，模具温度可控制在 50℃~60℃，要求塑件光泽和耐热时，温度应控制在 60℃~80℃。

6. 聚甲基丙烯酸甲酯（PMMA）

（1）基本特性。

聚甲基丙烯酸甲酯俗称有机玻璃，又称亚克力，是一种透光性塑料，透光率达 92%，优于普通硅玻璃。

有机玻璃产品有模塑成型料和型材两种。模塑成型料中性能较好的是改性有机玻璃 372#、373#。372#有机玻璃为甲基丙烯酸甲酯与少量苯乙烯的共聚物，其模塑成型性能较好。373#有机玻璃是 372#粉料 100 份加上丁腈橡胶 5 份的共混料，有较高的耐冲击韧性。

有机玻璃密度为 1.18g/cm^3，比普通硅玻璃轻一半。机械强度为普通硅玻璃的 10 倍以上。它轻而坚韧，容易着色，有较好的电绝缘性能。化学性能稳定，能耐一般的化学腐蚀，但能溶于芳烃、氯代烃等有机溶剂。一般条件下尺寸较稳定。其最大缺点是表面硬度低，容易被硬物擦伤拉毛。

（2）主要用途。

用于制造要求具有一定透明度和强度的防震、防爆和观察等方面的零件，如飞机和汽车的窗玻璃、飞机罩盖、油杯、光学镜片、透明模型、透明管道、车灯灯罩、油标及各种仪器零件，也可用于制作绝缘材料、广告铭牌等。图 1-9 所示为常见的有机玻璃塑料制品。

（啤酒架）

（小储物格）

（奖座）

图 1-9 有机玻璃塑料制品

（3）成型特点。

①为了防止塑件产生气泡、混浊、银丝和发黄等缺陷而影响塑件质量，原料在成型前要很好地干燥。

②为了得到良好的外观质量，防止塑件表面出现流动痕迹、熔接痕和气泡等不良现象，一般采用尽可能低的注射速度。

③模具浇注系统对料流的阻力应尽可能小，并应制出足够的脱模斜度。

7. 聚酰胺（PA）

（1）基本特性。

聚酰胺俗称尼龙。由二元胺和二元酸通过缩聚反应制取，或是以一种丙酰胺的分子通过自聚而成。尼龙的命名由二元胺与二元酸中的碳原子数来决定，如己二胺和癸二酸反应所得的缩聚物称尼龙610，并规定前一个数指二元胺中的碳原子数，而后一个数为二元酸中的碳原子数；若由氨基酸的自聚来制取，则由氨基酸中的碳原子数来定，如己内酰胺中有6个碳原子，故自聚物称尼龙6或聚己内酰胺。常见的尼龙品种有尼龙1010、尼龙610、尼龙66、尼龙6、尼龙9、尼龙11等。

尼龙有优良的力学性能，抗拉、抗压、耐磨。其抗冲击强度比一般塑料高，其中尼龙6更优。作为机械零件材料，具有良好的消音效果和自润滑性能。尼龙耐碱、耐弱酸，但强酸和氧化剂能侵蚀尼龙。尼龙本身无毒、无味、不霉烂。其吸水性强，收缩率大，常常因吸水而引起尺寸变化。其稳定性较差，一般只能在80℃～100℃的温度范围内使用。

为了进一步改善尼龙的性能，常在尼龙中加入减摩剂、稳定剂、润滑剂、玻璃纤维填料等，克服了尼龙存在的一些缺点，提高了机械强度。

（2）主要用途。

尼龙由于有较好的力学性能，被广泛地用于工业上制作各种机械、化学和电气零件，如轴承、齿轮、滚子、辊轴、滑轮、泵叶轮、风扇叶片、蜗轮、高压密封扣圈、垫片、阀座、输油管、储油容器、绳索、传动带、电池箱、电器线圈等零件。图1-10所示为常见的尼龙塑料制品。

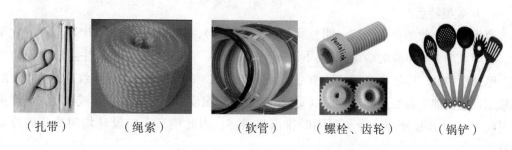

（扎带）　　　（绳索）　　　（软管）　　（螺栓、齿轮）　　（锅铲）

图 1-10　尼龙塑料制品

（3）成型特点。

尼龙熔融黏度低、流动性良好，容易产生飞边。尼龙易吸潮，塑件尺寸变化较大，成型加工前必须进行干燥处理。壁厚和浇口厚度对成型收缩率影响很大，所以塑件壁厚要均匀，防止产生缩孔，一模多件时，应注意使浇口厚度均匀化。成型时排出的热量多，模具上应设计冷却均匀的冷却回路。熔融状态的尼龙热稳定性较差，易发生降解而使塑件性能下降，因此不允许尼龙在高温料筒内停留时间过长。

8. 聚甲醛（POM）

（1）基本特性。

聚甲醛俗名赛钢，是继尼龙之后发展起来的一种性能优良的热塑性工程塑料。其性能不亚于尼龙，而价格却比尼龙低廉。

聚甲醛表面硬而滑，呈淡黄色或白色，薄壁部分半透明。有较高的机械强度及抗拉、抗压性能和突出的耐疲劳强度，特别适合于做长时间反复承受外力的齿轮材料。聚甲醛尺寸稳定，吸水率小，具有优良的减摩、耐磨性能。能耐扭变，有突出的回弹能力，可用于制造塑料弹簧制品。常温下一般不溶于有机溶剂，能耐醛、酯、醚、烃及弱酸、弱碱，但不耐强酸。耐汽油及润滑油性能也很好。有较好的电绝缘性能。其缺点是成型收缩率大，在成型温度下的热稳定性较差。

（2）主要用途。

聚甲醛特别适合于做轴承、凸轮、滚轮、辊子、齿轮等耐磨、传动零件，还可用于制造汽车仪表板、汽化器、各种仪器外壳、罩盖、箱体、化工容器、泵叶轮、鼓风机叶片、配电盘、线圈座、各种输油管、塑料弹簧等。图1-11所示为常见的聚甲醛塑料制品。

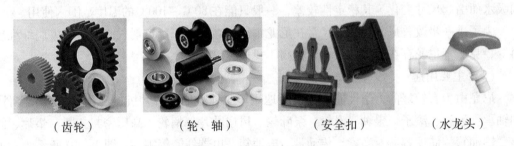

|（齿轮） | （轮、轴） | （安全扣） | （水龙头） |

图1-11 聚甲醛塑料制品

（3）成型特点。

聚甲醛成型收缩率大，熔点明显（153℃~160℃），熔体黏度低，黏度随温度变化不大，在熔点上下聚甲醛的熔融或凝固十分迅速，所以，注射速度要快，注射压力不宜过高。摩擦系数低、弹性高，浅侧凹槽可采用强制脱出，塑件表面可带有皱纹花样。聚甲醛热稳定性差、加工温度范围窄，所以要严格控制成型温度，以免温度过高或在允许温度下长时间受热而引起分解。冷却凝固时排出热量多，因此模具上应设计均匀冷却的冷却回路。

9. 聚碳酸酯（PC）

（1）基本特性。

聚碳酸酯俗称防弹玻璃，是一种性能优良的热塑性工程塑料，密度为 $1.20g/cm^3$，本色微黄，而加淡蓝色后，得到无色透明塑件，可见光的透光率接近90%。它韧而刚，抗冲击性在热塑性塑料中名列前茅。成型零件可达到很好的尺寸精度并在很宽的温度变化范围内保持其尺寸的稳定性。成型收缩率恒定为 0.5% ~ 0.8%。具有抗蠕变性、耐磨性、耐热性、耐寒性。脆化温度在 -100℃ 以下，长期工作温度达 120℃。聚碳酸酯吸水率较低，能在较宽的温度范围内保持较好的电性能。耐室温下的水、稀酸、氧化剂、还原剂、盐、油、脂肪烃，但不耐碱、胺、酮、脂、芳香烃，并有良好的耐候性。其最大的缺点是塑件易开裂，耐疲劳强度较差。用玻璃纤维增强聚碳酸酯性能，克服了上述缺点，使聚碳酸酯具有更好的力学性能、更好的尺寸稳定性、更小的成型收缩率，并提高了耐热性和耐磨性，降低了成本。

（2）主要用途。

在机械上主要用作各种齿轮、蜗轮、蜗杆、齿条、凸轮、芯轴、轴承、滑轮、铰链、螺母、垫圈、泵叶轮、灯罩、节流阀、润滑油输油管、各种外壳、盖板、容器、冷冻和冷却装置零件等。在电气方面，用作电机零件、电话交换器零件、信号用线电器、风扇部件、拨号盘、仪表壳、接线板等。还可制作照明灯、高温透镜、视孔镜、防护玻璃等光学零件。图 1 - 12 所示为常见的聚碳酸酯塑料制品。

（3）成型特点。

聚碳酸酯虽然吸水性小，但高温时对水分比较敏感，所以加工前必须干燥处理，否则会出现银丝、气泡及强度下降现象。聚碳酸酯熔融温度高，熔融黏度大，流动性差，所以，成型时要求有较高的温度和压力，且其熔融黏度对温度比较敏感。所以一般用提高温度的方法来增加熔融塑料的流动性。

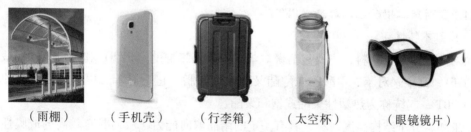

（雨棚）　　（手机壳）　　（行李箱）　　（太空杯）　　（眼镜镜片）

图 1 - 12　聚碳酸酯塑料制品

10. 聚砜（PSF 或 PSU）

（1）基本特性。

聚砜是 60 年代出现的工程塑料，它是在大分子结构中含有砜基（—SO_2—）的高聚物，此外还含有苯环和醚键，故又称聚苯醚砜。呈透明而微带琥珀色，也有的是象牙色的不透明体。具有突出的耐热、耐氧化性能，可在 -100℃ ~150℃ 的范围内长期使用，热变形温度为 174℃，有很高的力学性能，其抗蠕变性能比聚碳酸酯还好。具有很好的刚性。其介电性能优良，即使在水和湿气中或 190℃ 的高温下，仍保持高的介电性能。聚砜具有较好的化学稳定性，在无机酸、碱的水溶液、醇、脂肪烃中不受影响，但对酮类、氯化烃不稳定，不宜在沸水中长期使用。其尺寸稳定性较好，还能进行一般机械加工和电镀，但耐候性较差。

（2）主要用途。

聚砜可用于制造精密公差、热稳定性、刚性及良好电绝缘性的电器和电子零件，如断路元件、恒温容器、开关、绝缘电刷、电视机元件、整流器插座、线圈骨架、仪器仪表零件等；还可用于制造需要具备热性能好、耐化学性、持久性、刚性好的零件，如转向柱轴环、电动机罩、飞机导管、电池箱、汽车零件、齿轮、凸轮等。图1-13所示为常见的聚砜塑料制品。

（奶瓶）　　　　（电镀卫浴产品配件）　　　（食品、医疗产品配件）

图1-13　聚砜塑料制品

（3）成型特点。

塑件易发生银丝、云母斑、气泡甚至开裂，因此，加工前原料应充分干燥。聚砜熔融料流动性差，对温度变化敏感，冷却速度快，所以模具浇口的阻力要小。模具需加热，成型性能与聚碳酸酯相似，但热稳定性比聚碳酸酯差，可能发生熔融破裂。聚砜为非结晶型塑料，因而收缩率较小。

11. 聚对苯二甲酸乙二醇酯（PET）

（1）基本特性。

聚对苯二甲酸类塑料，主要包括聚对苯二甲酸乙二醇酯（PET）和聚对苯二甲酸丁二酯（PBT），其中聚对苯二甲酸乙二醇酯又称涤纶树脂，它是对苯二甲酸与乙二醇的缩聚物，与PBT一起统称为热塑性聚酯或饱和聚酯。

PET塑料分子结构高度对称，具有一定的结晶取向能力，故而具有较高的成膜性和成型性。PET塑料具有很好的光学性能和耐候性，非晶态的PET塑料具有良好的光学透明性。

PET是乳白色或浅黄色高度结晶性的聚合物，表面平滑而有光泽。耐蠕变、抗疲劳性、耐摩擦性好，磨耗小而硬度高，具有热塑性塑料中最大的韧性，机械性能与热固性塑料相近，尺寸稳定性及电绝缘性能好，受温度影响小，热变形温度和长期使用温度是热塑性通用工程塑料中最高的。无毒，耐候性、抗化学药品稳定性好，吸湿性高，成型前的干燥是必需的。耐弱酸和有机溶剂，但不耐热水浸泡，不耐碱。由于生产PET所用乙二醇比生产PBT所用丁二醇的价格几乎便宜一半，所以PET树脂和增强PET在工程塑料中的价格是最低的，具有很高的性价比。

（2）主要用途。

① 薄膜片材：各类食品、药品、无毒无菌的包装材料；纺织品、精密仪器、电器元

件的高档包装材料；录音带、录像带、电影胶片、计算机软盘、金属镀膜及感光胶片等的基材；电气绝缘材料、电容器膜、柔性印刷电路板及薄膜开关等电子领域和机械领域。

② 包装瓶：PET 做成的瓶具有强度大、透明性好、无毒、防渗透、质量轻、生产效率高等特点，因而得到了广泛的应用，其应用已由最初的碳酸饮料瓶发展到现在的啤酒瓶、食用油瓶、调味品瓶、药品瓶、化妆品瓶等。

③ 电子电器：制造连接器、线圈绕线管、集成电路外壳、电容器外壳、变压器外壳、电视机配件、调谐器、开关、计时器外壳、自动熔断器、电动机托架和继电器等。

④ 汽车配件：如配电盘罩、发火线圈、各种阀门、排气零件、分电器盖、计量仪器罩壳、小型电动机罩壳等，也可利用 PET 优良的涂装性、表面光泽及刚性，制造汽车的外装零件。

⑤ 机械设备：制造齿轮、凸轮、泵壳体、皮带轮、电动机框架和钟表零件，也可应用于微波炉、烘箱、烤盘、各种顶棚、户外广告牌和模型等。

⑥ PET 塑料的成型加工可以注塑、挤出、吹塑、涂覆、粘接、机加工、电镀、真空镀金属、印刷。

图 1-14 所示为常见的聚对苯二甲酸乙二醇酯塑料制品。

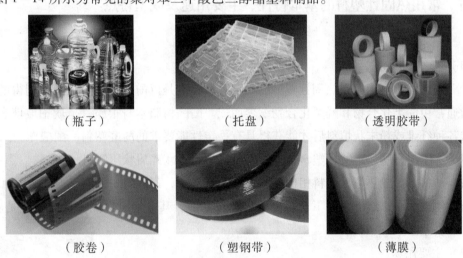

| （瓶子） | （托盘） | （透明胶带） |

| （胶卷） | （塑钢带） | （薄膜） |

图 1-14 聚对苯二甲酸乙二醇酯塑料制品

（3）成型特点。

PET 在熔融状态下的流变性较好，压力对黏度的影响比温度大，因此，主要从压力方面着手来改变熔体的流动性。

① 塑料的处理：由于 PET 大分子中含有脂基，具有一定的亲水性，粒料在高温下对水比较敏感，当水分含量超过极限时，在加工中 PET 分子量下降，制品带色、变脆。因此，在加工前必须对物料进行干燥，其干燥温度为 150℃，4 小时以上，一般为 170℃，3~4 小时。可用空射法检验材料是否完全干燥。回收料比例一般不超过 25%，且要把回收料彻底干燥。

② 注塑机选用：PET 由于在熔点后稳定的时间短，而熔点又较高，因此需选用温控段

较多、塑化时自摩擦生热少的注射系统，并且制品（含水口料）实际重量不能小于机器注射量的2/3。

③模具及浇口设计：PET瓶坯一般用热流道模具成型，模具与注塑机模板之间最好有隔热板，其厚度为12mm左右，而隔热板一定要能承受高压。排气必须充足，以免出现局部过热或碎裂，但其排气口深度一般不要超过0.03mm，否则容易产生飞边。

④熔胶温度：可用空射法量度熔胶温度。270℃～295℃不等，增强级GF-PET可设为290℃～315℃等。

⑤注射速度：一般注射速度要快，可防止注射时过早凝固。但速度过快，剪切率高会使物料易碎。射料通常在4秒内完成。

⑥背压：背压越低越好，以免磨损。一般不超过100bar，通常无须使用。

⑦滞留时间：切勿使用过长的滞留时间，以防止分子量下降。尽量避免300℃以上的温度。若停机少于15分钟，只需作空射处理；若超过15分钟，则要用黏度PE清洁，并把机筒温度降至PE温度，直至再开机为止。

五、常用热固性塑料的基本特性、主要用途及成型特点

1. 酚醛塑料（PF）

（1）基本特性。

酚醛塑料俗称电木，是热固性塑料的一个品种，它是以酚醛树脂为基础而制得的。酚醛树脂通常由酚类化合物和醛类化合物缩聚而成。酚醛树脂本身很脆，呈琥珀玻璃态。必须加入各种纤维或粉末状填料后才能获得具有一定性能要求的酚醛塑料。酚醛塑料大致可分为四类：①层压塑料；②压塑料；③纤维状压塑料；④碎屑状压塑料。

酚醛塑料与一般热塑性塑料相比，刚性好，变形小，耐热耐磨，能在150℃～200℃的温度长期使用。在水润滑条件下，有极低的摩擦系数。其电绝缘性能优良。缺点是质脆，抗冲击强度差。

（2）主要用途。

酚醛层压塑料用浸渍过酚醛树脂溶液的片状填料制成，可制成各种型材和板材。根据所用填料不同，分为纸质、布质、木质、石棉和玻璃布等各种层压塑料。布质及玻璃布酚醛层压塑料具有优良的力学性能、耐油性能和一定的介电性能，用于制造齿轮、轴瓦、导向轮、无声齿轮、轴承、电工结构材料和电气绝缘材料。木质层压塑料适用于作水润滑冷却下的轴承及齿轮等。石棉层压塑料主要用于高温下工作的零件。酚醛纤维状压塑料可以加热模压成各种复杂的机械零件和电器零件，具有优良的电绝缘性能、耐热、耐水、耐磨。可制作各种线圈架、接线板、电动工具外壳、风扇叶子、耐酸泵叶轮、齿轮、凸轮等。图1-15所示为常见的酚醛塑料制品。

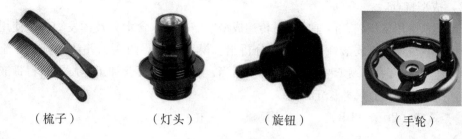

（梳子）　　　　　（灯头）　　　　　（旋钮）　　　　　（手轮）

图 1-15　酚醛塑料制品

（3）成型特点。

成型性能好，特别适用于压缩成型。模温对流动性影响较大，一般当温度超过 160℃ 时流动性迅速下降。硬化时大量放热，大型厚壁塑件内部温度易过高，发生硬化不匀及过热现象。

2. 氨基塑料

氨基塑料是由氨基化合物与醛类（主要是甲醛）经缩聚反应而制得的塑料，主要包括脲—甲醛塑料、三聚氰胺—甲醛（俗称密胺）塑料等。

（1）基本特性及主要用途。

① 脲—甲醛塑料（UF）。

脲—甲醛塑料是脲—甲醛树脂和漂白纸浆等制成的压塑粉。可染成各种鲜艳的色彩，外观光亮，部分透明，表面硬度较高，耐电弧性能好，有耐矿物油、耐霉菌的作用。但耐水性较差，在水中长期浸泡后电绝缘性能下降。

脲—甲醛塑料大量用于压制日用品及电气照明用设备的零件、电话机、收音机、钟表外壳、开关插座及电气绝缘零件。

②三聚氰胺—甲醛塑料（MF，俗称密胺）。

三聚氰胺—甲醛塑料由三聚氰胺—甲醛树脂与石棉、滑石粉等制成。可制成各种色彩、耐光、耐电弧、无毒的塑件，在 -20℃～100℃ 的温度范围内性能变化小，能耐沸水且耐茶、咖啡等污染性强的物质。能像陶瓷一样方便地去掉茶渍一类的污染物，且有重量轻、不易碎的特点。主要用作餐具、航空茶杯及电器开关、灭弧罩及防爆电器的配件。图 1-16 所示为常见的密胺塑料制品。

（餐具）　　　　　　（麻将）　　　　　　（象棋）

图 1-16　密胺塑料制品

（2）成型特点。

氨基塑料常用于压缩、传递成型。传递成型收缩率大；含水分及挥发物多，使用前需预热干燥，且成型时有弱酸性分解及水分析出，模具应镀铬防腐，并注意排气；流动性好，硬化速度快，因此，预热及成型温度要适当，装料、合模及加工速度要快；带嵌件的塑料易产生应力集中，尺寸稳定性差。

3. 聚氨酯（PU 或 PUR）

（1）基本特性。

聚氨酯为大分子链中含有氨酯型重复结构单元的一类聚合物，全称为聚氨基甲酸酯，英文全称为 polyurethane，简称 PU 或 PUR。它的伸长率大，硬度范围宽，配方调整范围大，具有优异的耐磨性和力学性能，是介于橡胶与塑料之间的一种高性能新型材料，它是由多异氰酸酯与聚醚型或聚酯型多元醇在一定比例下反应的产物。总体来说，聚氨酯制品性能可调范围宽，适应性强，耐生物老化，价格适中。

（2）主要用途。

聚氨酯由于优异的性能，在各行各业都有着广泛的用途，在经济较发达的国家和地区，聚氨酯的使用量越来越大。广泛应用于日常生活中，如家具的油漆和涂料，家用电器中的冰箱和冷柜，建筑业中的屋顶防水保温层和内外墙涂料等，还可以做成各种聚氨酯材料，如聚氨酯鞋底、聚氨酯纤维、聚氨酯密封胶等。聚氨酯在汽车生产、矿山选矿、港口码头、粮食及食品加工、医疗卫生、建筑机械、电子设备、建筑、家具、纺织服装鞋业、合成皮革、水利、石油化工、印刷包装、体育健身等行业都有大量应用。图 1-17 所示为常见的聚氨酯制品。

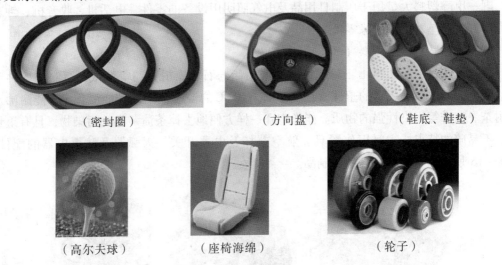

（密封圈）　　　　　（方向盘）　　　　　（鞋底、鞋垫）

（高尔夫球）　　　　（座椅海绵）　　　　（轮子）

图 1-17　聚氨酯制品

（3）成型特点。

① 硬度范围宽。在高硬度下仍具有橡胶的伸长率和回弹性。聚氨酯板的硬度为邵氏 A10～D80。

② 强度高。在橡胶硬度下，其扯断强度、撕裂强度和承载能力比通用橡胶高得多。在高硬度下其冲击强度和弯曲强度又比塑料高得多。

③ 耐磨。其耐磨性能显著，一般在 $0.01 \sim 0.10 cm^3/1.61 km$，约为橡胶的 3～5 倍。

④ 耐油。聚氨酯是一种强极性高分子化合物，对非极性矿物油的亲和性小，在燃料油和机械油中几乎不受侵蚀。

⑤ 耐氧和臭氧性能好。

⑥ 吸振性能优良，可起减振、缓冲作用。在模具制造业中，替代橡胶及弹簧。

⑦ 具有良好的低温性能。

⑧ 耐辐射性能。聚氨酯耐高能射线的性能很好，但对于浅色或透明的聚氨酯弹性体在射线的作用下会出现变色现象。

⑨ 具有良好的机械加工性能（车、铣、磨、钻均可）。

任务 ③ 塑料成型方法认知

塑料主要有以下六种常用的成型方法：

1. 注射成型

塑料的注射成型又称注塑成型。该方法是用注射成型机将粒状塑料连续输入注射成型机料筒中受热并逐渐熔融，使其呈黏性流动状态，由料筒中的螺杆或柱塞推至料筒端部，通过料筒端部的喷嘴将熔体射入到闭合的模具中，充满后经保压和冷却，使制品固化定型，然后开启模具取出制品。图 1-18 所示为卧式注射机工作原理及结构简图。

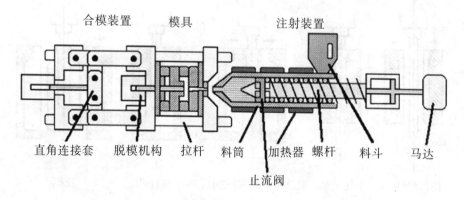

图 1-18　卧式注射机工作原理及结构简图

2. 挤出成型

挤出成型又称挤塑成型。该方法与注射成型的原理类似，将粒状塑料送至挤出机的料筒中完成加热和加压过程，熔体经过装在挤出机机头上的成型口模挤出，然后冷却定型，借助牵引装置拉出，成为具有一定横截面形状的连续制品，如管、槽、板及异型材制品等。图 1-19 所示为挤出机工作原理及结构简图。挤出成型是热塑性塑料的主要成型方法之一。除了成型加工外，该法还用于塑料的混炼加工，如着色、填充、共混等皆可通过挤出造粒工序来完成。

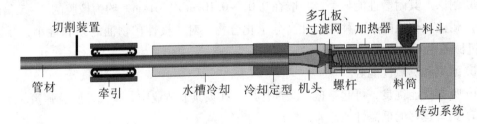

图 1-19　挤出机工作原理及结构简图

3. 中空成型

中空成型又称吹塑成型，它是制造中空制品和管筒形薄膜的方法。该法先用挤出机或注射机挤出或注出管筒状的熔融坯料，然后将此坯料放入吹塑模具内，向坯料内吹入压缩空气，使中空的坯料均匀膨胀直至紧贴模具内壁，冷却定型后开启模具取出中空制品。在工业生产中，如瓶、桶、球、壶、箱一类的热塑性塑料制品均可用此法制造。若向挤出机中连续不断地挤出熔融塑料，管筒内趁热通入压缩空气，把管筒胀大撑薄，然后冷却定型，便可以得到管筒形薄膜，将其截断可热封制袋，也可将其纵向剖开展为塑料薄膜。

根据型坯的制作方式，可将中空成型分为以下两类：

（1）挤出吹塑。

挤出吹塑的工艺过程如图 1-20 所示。

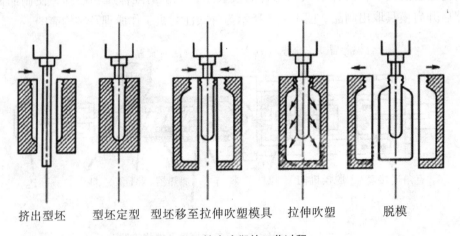

挤出型坯　　型坯定型　　型坯移至拉伸吹塑模具　　拉伸吹塑　　脱模

图 1-20　挤出吹塑的工艺过程

（2）注射吹塑。

注射吹塑的工艺过程如图 1-21 所示。

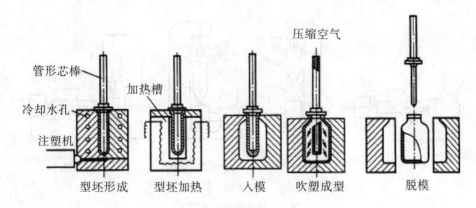

图1-21 注射吹塑的工艺过程

4．压缩成型

压缩成型又称压制成型。该法把上下模（或凸、凹模）组成的模具安装在压力机的上下模板之间，塑料粒料（或助料、预制坯料）在受热和受压的作用下充满闭合的模具型腔，固化成型后得到塑料制品。此法主要用于热固性塑料的成型。

5．压注成型

压注成型又称传递成型。与压缩成型一样，压注成型也是热固性塑料的主要成型方法之一。该法将塑料粒料或坯料装入模具的加料孔内，在受热与受压的作用下熔融的塑料通过模具加料室底部的浇注系统（流道与浇口）充满闭合的模具型腔，然后固化成型。该法适合于制造形状复杂或带有较多嵌件的热固性塑料制品。

6．固相成型

固相成型的特点是使得塑料在熔融温度以下成型，在成型过程中塑料没有明显的流动状态。该法多用于塑料板材的二次成型加工，如真空成型、压缩空气成型和压力成型等。固相成型原来多用于薄壁制品的成型加工，现已能用于制造厚壁制品。

塑料的成型方法除了以上列举的六种外，还有压延成型、浇铸成型、滚塑成型、泡沫成型等。

任务 4 注射成型设备认知

模具都必须安装在与其相适应的注射机上才能进行生产。因此模具设计时，必须熟悉所选注射机的技术规范，并对相关参数进行校核，判断模具能否在所选注射机上使用。

一、注射机的分类

注射机按注射装置和锁模装置的排列方式，可分为卧式注射机、立式注射机、角式注射机等，如图1-22所示。

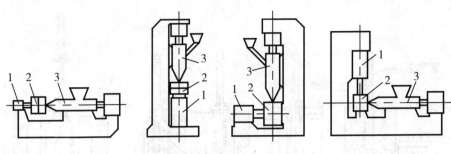

（a）卧式注射机　　（b）立式注射机　（c）角式注射机　　　（d）角式注射机

1. 锁模装置　2. 模具　3. 注射装置

图 1-22　注射机类型

1. 卧式注射机

卧式注射机是使用最广泛的注射成型设备，它的注射螺杆或柱塞的轴线与锁模装置轴线在一条直线上（或相互平行），并且沿水平方向装设。卧式注射机的优点是机器重心低，比较稳定，便于操作、维修和加料，塑件推出模具后可利用其自重自动落下，容易实现全自动操作等。一般大中型注塑机均采用该种形式，注射量 $60cm^3$ 及以上的注射机均为卧式。卧式注射机的主要缺点是模具安装比较麻烦，有些嵌件放入模具后应采用弹性装置将其卡紧，否则可能倾斜或落下，机床占地面积较大。

2. 立式注射机

立式注射机的注射装置与锁模装置均垂直安装且在一条直线上。立式注射机的优点是占地面积小，模具拆装方便，在动模（下模）安放嵌件时，嵌件不易倾斜或坠落。立式注射机的缺点是机身重心较高，机器稳定性较差；塑件顶出后不能靠自重落下，需人工取出，不易实现全自动操作。立式注射机多为注射量在 $60cm^3$ 以下的柱塞式注射机。

3. 角式注射机

角式注射机的注射装置和锁模装置的轴线相互垂直。它的优缺点介于卧式和立式之间。它的特点是熔料沿着模具的分型面进入型腔。

在上述三类注射机中，以卧式注射机的应用最为广泛。

二、注射机的组成

如图 1-23 所示，注射机通常由注射装置、锁模装置、液压系统、电器控制装置等组成。图 1-24 所示为一台真实注射机的外观图片。

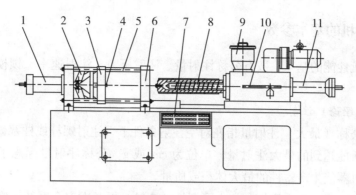

1. 锁模液压缸　2. 锁模机构　3. 动模固定板　4. 顶杆　5. 拉杆　6. 定模固定板
7. 控制台　8. 塑化部件　9. 料斗　10. 计量装置和传动装置　11. 注射和移动液压缸

图1-23　卧式注射机结构简图

图1-24　卧式注射机

1. 注射装置

注射装置将颗粒状或粉状的固体塑料原料均匀塑化成熔融状态，并以适当的速度和压力将一定量的塑料熔体注射进模具型腔。

注射装置主要由塑化部件、料斗、注射和移动液压缸、计量装置和传动装置等组成。其中塑化部件是主要部分，由螺杆（柱塞）、料筒、加热器和喷嘴组成。

2. 锁模装置

锁模装置为实现模具可靠的开合提供必要的行程；在注射和保压时，提供足够的锁模力；提供推出塑件的推出力和相应的行程。

锁模装置主要由定模固定板、动模固定板、拉杆、锁模液压缸、锁模机构、顶杆（塑件推出机构）和模具调整装置等组成。

常用的锁模装置有液压—机械式和全液压式两种类型。

3. 液压系统和电器控制装置

液压系统和电器控制装置的作用在于保证注射机按预定工艺过程的要求（如温度、压力、时间等）和动作程序准确有效地工作。

三、注射机的基本参数

描述注射机性能的基本参数有公称注射量、注射压力、注射速率、锁模力、锁模装置的基本尺寸等。

1. 公称（理论）注射量

注射机的公称（最大）注射量指在对空注射条件下，注射螺杆或柱塞做一次最大行程时，注射装置所能达到的最大注射量，单位为 cm^3 或 g。公称注射量标志了注射机的注射能力，反映了机器能生产塑件的最大体积或质量。

实际注射时，流动阻力增加，加大了螺杆逆流量，再考虑安全系数，实际能达到的注射量有所降低，一般为公称注射量的 70% ~ 90%。

2. 注射压力

注射压力指注射过程中螺杆或柱塞头部对塑料熔体所施加的最大压力。注射压力的作用是克服注射过程中塑料熔体流经注射机喷嘴、模具流道和型腔的阻力，同时对注入型腔的熔体给予一定的压力，以完成物料补充，使塑件密实。

3. 锁模力

锁模力指锁模机构施于模具上的最大夹紧力，单位为 kN。锁模力平衡注射时型腔熔体的压力，保证在注射和保压时模具不会被胀开。锁模力不够会使塑件产生飞边，不能成型薄壁塑件；锁模力过大，又易损坏模具。

4. 锁模装置的基本尺寸

锁模装置的尺寸决定了模具的安装尺寸，也决定了所能加工塑件的平面尺寸。包括：动、定模板尺寸（$B \times H$），拉杆间距（$B_0 \times H_0$），动、定模板最大开距 S_K 和动模板行程（开模行程）S 等，如图 1-25 所示。

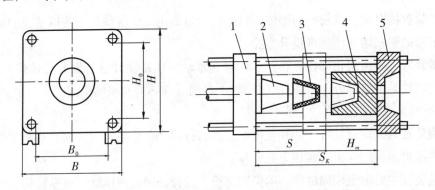

1. 移动模板 2. 动模 3. 塑件 4. 定模 5. 固定模板

图 1-25 锁模装置的基本尺寸

动、定模板尺寸 $B \times H$ 指固定板的长度和宽度；拉杆间距 $B_0 \times H_0$ 指固定板上拉杆孔在长和宽方向的间距；动、定模板间最大开距 S_K 指动、定模固定板之间所能达到的最大距离，最大开距应能保证开模后塑件方便地取出和方便地安放嵌件；开模行程 S 指动模固定板能移动的最大距离，对液压机械式锁模装置，S 是定值，对全液压式锁模装置，此值随模具高度的不同而不同。图 1 – 26 所示为国产 XS – ZY – 125 注射机的锁模部分。

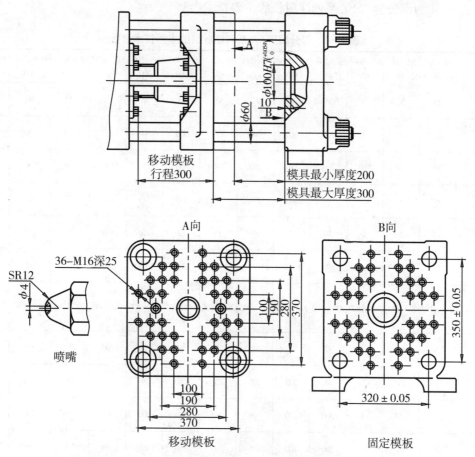

图 1 – 26 XS – ZY – 125 注射机的锁模部分

四、注射机的型号表示

注射机型号规格的表示方法目前各国不尽相同，国内也不统一。注射机型号表示注射机的加工能力，而反映注射机加工能力的主要参数是公称注射量和锁模力，所以主要用注射量，锁模力，注射量和锁模力这三种方法来表示注射机的型号。

注射量表示法用公称注射量（单位为 cm^3）表示注射机的规格，能直观表达注射机成型塑件的范围。我国早期的注射机多采用注射量表示法，如 XS – ZY – 125，XS 表示塑料成型机械，Z 表示注射成型，Y 表示螺杆式（无 Y 则表示柱塞式），125 表示公称注射量为 $125cm^3$。

锁模力表示法以注射机的最大锁模力来表示注射机的型号，能直接反映注射塑件的最大投影面积。如 LY180，LY 为利源机械有限公司的缩写，180 表示锁模力为 $180 \times 10kN$。

国际通行的注射机型号表示法将注射量与锁模力合在一起，注射量为分子、锁模力为分母。如 SZ-63/50 型注射机，S 表示塑料机械，Z 表示注射机，公称注射量为 $63cm^3$，锁模力为 $50 \times 10kN$。

表 1-4 为部分国产 SZ 系列注射机的主要技术参数。

表 1-4　部分国产 SZ 系列注射机的主要技术参数

型号	SZ-25/20	SZ-60/40	SZ-100/60	SZ-100/80	SZ-160/100	SZ-200/120	SZ-250/120	SZ-300/160	SZ-500/200	SZ-630/220	SZ-1000/300	SZ-2500/500	SZ-4000/800
螺杆直径（mm）	25	30	35	35	40	42	45	45	55	60	70	90	110
理论注射量（cm^3）	25	60	100	100	160	200	250	300	500	630	1 000	2 500	4 000
注射压力（MPa）	200	180	150	170	150	150	150	150	150	147	150	150	150
注射速率（g/s）	35	70	85	95	105	120	135	145	173	245	325	570	770
塑化能力（kg/h）	13	35	40	40	45	70	75	82	110	130	180	245	325
锁模力（kN）	200	400	600	800	1 000	1 200	1 200	1 600	2 000	2 200	3 000	5 000	8 000
拉杆间距（$H \times V$）/（mm×mm）	242×187	220×300	320×320	320×320	345×345	355×385	400×400	450×450	570×570	540×440	760×700	900×830	1 120×1 200
模板行程（mm）	210	250	300	305	325	305	320	380	500	500	650	850	1 200
模具最小厚度（mm）	110	150	170	170	200	230	220	250	280	200	340	400	600
模具最大厚度（mm）	220	250	300	300	300	400	380	450	500	500	650	750	1 100
定位孔直径（mm）	55	80	125	100	100	125	110	160	160	160	250	250	250
定位孔深度（mm）	10	10	10	10	10	15	15	20	25	30	40	50	50
喷嘴伸出量（mm）	20	20	20	20	20	20	20	20	30	30	30	50	50
喷嘴球半径（mm）	10	10	10	10	15	15	15	20	20	20	20	35	35
顶出行程（mm）	55	70	80	80	100	90	90	90	90	128	140	165	200
顶出力（kN）	6.7	12	15	15	15	22	22	33	53	60	70	110	280
机器质量（t）	2.7	3	2.8	3.5	4	4.3	5	6	8	9	15	29	65
外形尺寸（$L \times W \times H$）/（m×m×m）	2.1×1.2×1.4	4.0×1.4×1.6	3.9×1.3×1.8	4.2×1.5×1.7	4.4×1.5×1.8	4.0×1.4×1.9	5.1×1.3×1.8	4.6×1.7×2.0	5.6×1.9×2.0	6.0×1.5×2.2	6.7×1.9×2.3	10.0×2.7×2.3	12×2.8×3.8

注：（1）$H \times V$ 中，H 表示水平间距，V 表示垂直间距。
　　（2）$L \times W \times H$ 中，L、W、H 分别表示长、宽、高。

五、注射机有关工艺参数的校核

1. 最大注射量的校核

成型塑件所需要的注射量应小于所选注射机的公称（最大）注射量。

$$n \times V_1 + V_2 \leqslant K \times V$$

式中，n——型腔数目；

V_1——单个塑件的体积，cm^3；

V_2——浇注系统凝料的塑料的体积，cm^3；

V——注射机最大注射量，cm^3；

K——注射机最大注射量的利用系数，可取 0.7 ~ 0.9。

实际注射时，为了保证塑件质量，注射模一次成型的塑料质量（塑件和流道凝料质量之和）应在最大注射量的 35% ~ 75%，最大可达 80%，最小应不小于 10%。为了保证塑件质量，充分发挥设备的能力，选择范围通常在 50% ~ 80%。

一般只需对最大注射量进行校核，但当注射热敏性塑料时，还需校核最小注射量，因为一次注射量太小，塑料在料筒中停留时间过长，会导致塑料高温分解，降低塑件的质量和性能。最小注射量应大于公称注射量的 20%。

2. 锁模力的校核

注射机的锁模机构应该提供足够的锁模力，使定、动模两部分在注射过程中保持紧密闭合。

胀模力等于塑件和浇注系统在分型面上的总投影面积乘以型腔的压力，它应小于注射机的额定锁模力，才能使注射时不发生溢料和胀模现象，所以

$$(nA_1 + A_2)\ P \leqslant F$$

式中，F——注射机的额定锁模力，kN，见表 1 - 4 或相关手册；

A_1、A_2——塑件、浇注系统分别在模具分型面上的投影面积，mm^2；

P——型腔内塑料熔体的平均压力，MPa。

型腔内塑料熔体的压力为注射压力经喷嘴、流道，到达型腔后剩余的压力，比注射压力小得多，一般是注射压力的 1/3 ~ 2/3，因塑料品种、浇注系统结构和尺寸、塑件形状、成型工艺条件以及塑料复杂程度而不同。

3. 注射压力的校核

所选用注射机的注射压力须大于成型塑件所需的注射力。注射机注射压力见表 1 - 4。

成型所需压力与塑料品种、塑件形状、壁厚、浇注系统有关。根据经验，成型所需注射压力大致如下：

（1）塑料熔体流动性好，塑件形状简单，壁厚，注射压力可以小于 70MPa。

（2）塑料熔体流动性较好，塑件形状复杂度一般，精度要求一般，压力可取 70 ~ 100MPa。

（3）塑料熔体中等黏度，塑件形状复杂度一般，有一定精度要求，可取 100～140MPa。

（4）塑料熔体具有较高黏度，塑件壁薄、尺寸大，或壁厚不均匀，尺寸精度要求严格，可取 140～180MPa。

4. 模具与注射机安装部分尺寸的校核

模具的有关安装尺寸包括：浇口套尺寸、定位圈尺寸、模具外形尺寸、厚度尺寸等。

（1）模具浇口套与注射机喷嘴的尺寸校核。

模具浇口套（主流道衬套）始端凹坑的球面半径 r_1 应比注射机喷嘴的头部的凸球面半径 r 略大，一般 $r_1 = r +$ （1～2）mm，否则主流道凝料没法脱出。主流道始端直径 d_1 应比喷嘴孔直径 d 略大，通常 $d_1 = d +$ （0.5～1）mm，以利于塑料熔体顺利注入模具，如图 1 - 27 所示。

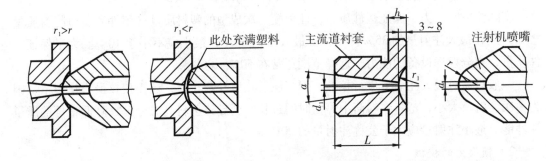

图 1 - 27　模具浇口套与注射机喷嘴的关系

（2）模具定位圈与注射机固定模板定位孔的尺寸校核。

为了使模具在注射机上安装准确、可靠，应使主流道的中心线与注射机喷嘴的中心线重合，定位圈与定位孔之间取较松的间隙配合，通常为 $H9/f9$。另外，定位圈高度应小于定位孔深度。如图 1 - 28 所示。

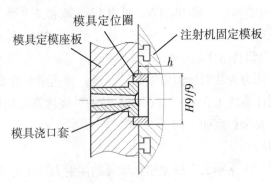

图 1 - 28　模具定位圈与注射机固定模板定位孔的关系

（3）模具的厚度和外形尺寸校核。

模具厚度（闭合高度）必须在最大厚度和最小厚度之间，即 $H_{min} \leq H_m \leq H_{max}$。

模具的外形尺寸不能太大，应使模具在安装时能顺利地从上面吊入注射机四根拉杆之间（有的小型注射机只有两根拉杆）。模具宽度必须在四根拉杆之间，长度可略高于拉杆。如图1-29所示。

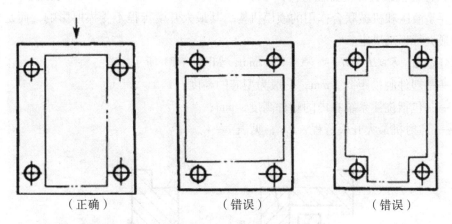

（正确）　　　　　　（错误）　　　　　　（错误）

图1-29　模具模板尺寸与注射机拉杆间距的关系

（4）模具安装尺寸的校核。

模具动模座板与定模座板的尺寸应与注射机移动模板和固定模板上的螺钉孔的大小及布置尺寸相协调，以便紧固在相应的模板上。

模具安装方法：用螺钉直接固定和用压板固定，如图1-30所示。

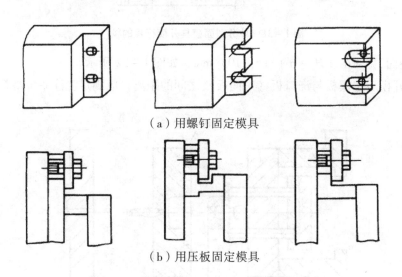

（a）用螺钉固定模具

（b）用压板固定模具

图1-30　模具在注射机上的安装方法

用螺钉固定时，模具动、定模座板上钻孔位置和尺寸应与注射机模板上的螺钉孔完全吻合，多用于大型模具；用压板固定时，只要座板附近有螺钉孔就能固定，多用于中小型模具。

5. 开模行程校核

取出塑件所需要的开模距离必须小于注射机的最大开模行程，否则塑件不能被取出。

由于注射机的锁模机构不同，开模行程可按下面三种情况校核：

（1）注射机最大开模行程与模具厚度无关时。

主要是液压和机械联合作用的锁模机构，其最大开模行程不受模厚影响，而是由连杆机构的最大行程来决定。

单分型面，$S \geq H_1 + H_2 + (5 \sim 10)$ mm，如图 1 – 31 所示。

H_1——塑件脱模距离，mm，一般为型芯的高度；

H_2——包括浇注系统在内的塑件高度，mm；

S——注射机最大开模行程，mm，见表 1 – 4。

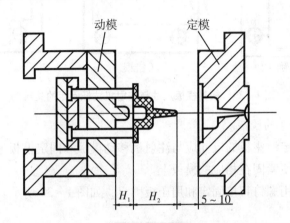

图 1 – 31　单分型面模具开模行程的校核

双分型面，$S \geq H_1 + H_2 + a + (5 \sim 10)$ mm，如图 1 – 32 所示。

a——开模后定模板与浇口板（中间板）之间的距离，应满足浇注系统凝料的取出。

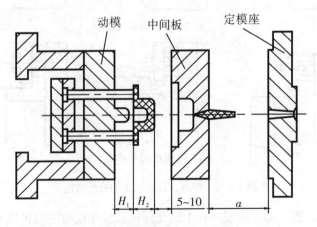

图 1 – 32　双分型面模具开模行程的校核

（2）注射机最大开模行程与模具厚度有关时。

主要是全液压式锁模机构，其最大开模行程等于注射机移动模板和固定模板之间的最大开距 S_k 减去模厚 H_m。

单分型面，$S = S_k - H_m \geq H_1 + H_2 + (5 \sim 10)$ mm，即

$S_k \geq H_m + H_1 + H_2 + (5 \sim 10)$ mm，如图 1 – 33 所示。

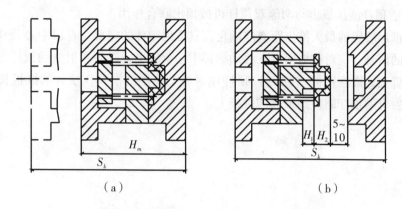

（a）　　　　　　　　　　（b）

图 1 – 33　注射机最大开模行程与模具厚度有关时开模行程的校核

同理，双分型面，$S_k \geq H_m + H_1 + H_2 + a + (5 \sim 10)$ mm。

（3）带侧向分型抽芯机构时。

斜导柱侧向抽芯机构中，设为完成侧向抽芯距离 S_c 所需的开模行程为 H_c，若 $H_c < H_1 + H_2$，H_c 对开模行程没有影响；若 $H_c \geq H_1 + H_2$，开模行程应按下式校核：

$$S_c \geq H_c + (5 \sim 10) \text{ mm}$$

即用 H_c 代替前述公式中的 $H_1 + H_2$ 进行校核，如图 1 – 34 所示。

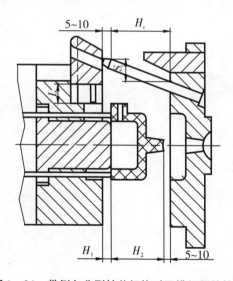

图 1 – 34　带侧向分型抽芯机构时开模行程的校核

6. 推出装置的校核

不同型号的注射机其推出装置、推出形式和最大推出距离等也各不相同，设计的模具应与之相适应。国产注射机的推出机构大致可分为以下四类：

（1）中心顶杆机械顶出。

（2）中心顶杆液压顶出。

（3）两侧（四侧）顶杆机械顶出。

（4）中心顶杆液压顶出与两侧双顶杆机械顶出联合作用。

注射机推出装置的最大推出距离应满足模具推出塑件的需要。在以中心顶杆顶出的注射机上使用的模具，应对称地固定在移动模板中心位置上，以便注射机的顶杆定在模具推板的中心位置上；而在两侧（四侧）顶杆注射机上使用的模具，模具的推板长度应足够长，以便注射机的顶杆能顶到模具的推板上。

注射模具结构设计

注射模具结构设计涉及多方面的知识，本模块着重从塑件结构设计、分型面的选择、浇注系统设计、模具结构类型的选定、脱模机构设计、行位机构设计、模具温度的控制、排气方法的选用等方面进行介绍，掌握这些内容可为从事模具设计奠定坚实的基础。

任务 ❶ 塑件结构设计

塑件结构工艺性，直接关系到其成型模具的结构复杂程度、设计与制造成本及塑件的成型性能。只有合理的塑件结构设计，成型时才能确保塑件的内在与外观质量要求。塑件结构形状简单，模具设计与制造容易，可降低成本。从模具设计与制造方面考虑，塑件设计时应考虑以下因素：

1. 结构形状

塑件结构形状应在不影响使用功能要求的前提下，力求简单，尽量避免塑件表面带有侧孔或凹、凸结构，以免模具结构复杂化。对于使用功能上所必需的侧孔或凹、凸形状，亦应通过合理设计，避免模具采用瓣合分型、侧向抽芯或斜顶机构，否则将使模具结构设计复杂，增加制造成本和难度，同时还会在分型面位置上留下飞边。如图 2-1 所示。

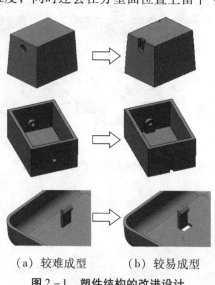

（a）较难成型　　　（b）较易成型

图 2-1　塑件结构的改进设计

对有些塑件，其内外表面所带的侧向凹凸深度不大时，如果成型的塑件所用材料较软，富有韧性和弹性，可以采用强制脱模方法而不用侧向抽芯机构，但需满足如图2－2所示的条件。

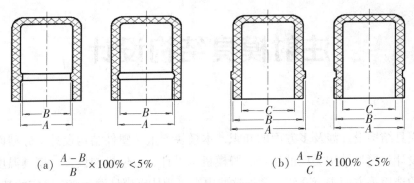

$$(a) \quad \frac{A-B}{B} \times 100\% < 5\%$$ $$(b) \quad \frac{A-B}{C} \times 100\% < 5\%$$

图2－2　强制脱模条件

2. 壁厚

塑料的成型工艺及使用要求对塑件的壁厚均有重要的限制。设计塑件时要求壁厚具有足够的强度和刚度，脱模时能承受脱模机构的冲击和振动，装配时能承受紧固力，以及运输中不变形或损坏。在模塑成型工艺上塑件的壁厚不能过小，否则熔融塑料在模具型腔中的流动阻力加大，尤其是形状复杂和大型塑件，成型困难。塑件壁厚过大，会造成用料过多，从而增加成本，而且会给成型工艺带来一定的困难，如增长塑化及冷却时间，生产效率降低，此外，还会造成气泡、缩孔、凹痕、翘曲等缺陷。塑件上各部分的壁厚应尽可能均匀，否则会因硬化或冷却速度不同而引起收缩不均，导致在塑件内产生内应力，使塑件产生翘曲、缩孔、裂纹甚至开裂等缺陷。如图2－3所示，壁厚过大通常会引起塑件表面产生凹陷或内部产生缩孔的缺陷，这两种缺陷也可能同时出现，如图2－4所示。

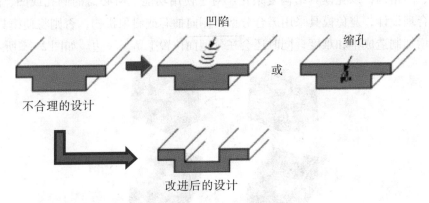

图2－3　壁厚过大导致产生凹陷或缩孔

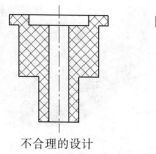 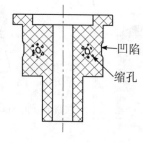 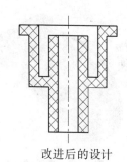

不合理的设计 改进后的设计

图 2-4 凹陷和缩孔同时出现

塑件壁厚一般在 1~6mm 范围内，最常用壁厚值为 1.8~3mm，这随塑件类型及塑件大小而定。热塑性塑料制品的最小壁厚及常见壁厚推荐值见表 2-1。

表 2-1 热塑性塑料制品的最小壁厚及常见壁厚推荐值

单位：mm

塑料名称	最小壁厚	推荐壁厚		
		小型制品壁厚	中型制品壁厚	大型制品壁厚
聚酰胺（尼龙、PA）	0.45	0.76	1.50	2.40~3.20
聚乙烯（PE）	0.80	1.25	1.60	2.40~3.20
硬聚氯乙烯（PVC）	1.15	1.60	1.80	3.20~5.80
软聚氯乙烯（PVC）	0.85	1.25	1.50	2.40~3.20
聚苯乙烯（PS）	0.75	1.25	1.60	3.20~5.40
聚丙烯（PP）	0.85	1.45	1.75	2.40~3.20
聚碳酸酯（PC）	0.95	1.80	2.30	3.00~4.50
聚甲醛（POM）	0.80	1.40	1.60	3.20~5.40
聚砜（PSU）	0.95	1.80	2.30	3.00~4.50
丙烯腈—丁二烯—苯乙烯聚合物（ABS）	0.80	1.50	2.20	2.40~3.20
聚甲基丙烯酸甲酯（有机玻璃、PMMA）	0.80	1.50	2.20	4.00~6.50

以下将列举常见的壁厚不均所产生的各种问题：

（1）如图 2-5 所示，局部厚胶位，易产生表面收缩凹陷。

（2）如图 2-6 所示，塑件两边薄胶位，易产生成型滞流现象。

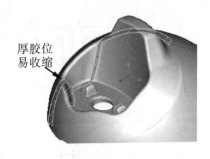

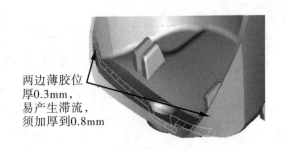

图2-5　厚胶位　　　　　　　　　　　图2-6　薄胶位

（3）设计塑件时要求壁厚与薄壁交界处避免有锐角，过渡要缓和，厚度应沿着塑料流动的方向逐渐减小。如图2-7所示，止口位壁厚采用渐变方法以消除表面白印；另外，塑件内部拐角位增加圆角使其壁厚均匀。

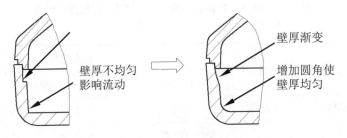

图2-7　壁厚渐变，增加圆角

（4）如图2-8所示，塑件平面中间凹位过深，实际成型塑件产生弯曲变形；解决变形的方法是减小凹位深度，使壁厚尽量均匀。

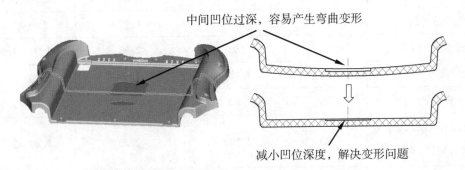

图2-8　塑件平面中间凹位过深易发生弯曲变形

（5）如图2-9所示，尖角位表面易产生烘印，避免烘印的办法是加圆角过渡。

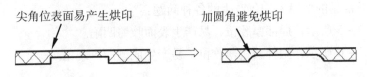

图2-9　增加圆角

另外，塑件壁厚还与熔体充模流程有密切关系。在常规工艺条件下，流程大小与塑件壁厚成正比关系。塑件壁厚越大，则允许最大流程越长。塑件壁厚与流程的关系公式见表 2 - 2。

表 2 - 2 壁厚 T 与流程 L 的关系公式

塑料品种	$T - L$ 计算公式
流动性好（如 PE、PA）	$T = \left(\dfrac{L}{100} + 0.5 \right) \times 0.6$
流动性中等（如 PMMA、POM）	$T = \left(\dfrac{L}{100} + 0.8 \right) \times 0.7$
流动性差（如 PC、PSF）	$T = \left(\dfrac{L}{100} + 1.2 \right) \times 0.9$

3. 脱模斜度

一般来讲，对模塑产品的任何一个侧壁，都需有一定量的脱模斜度，以便产品从模具中取出，避免出现顶白、顶伤和拖白现象。但高度较浅的（如一块平板）和有特殊要求的除外（但当侧壁较大而又没有脱模斜度时，模具需设置侧向抽芯机构）。

脱模斜度与胶料性能、塑件形状、表面要求有关。脱模斜度通常为 $1° \sim 5°$，常取 $2°$ 左右，以能顺利脱模和不影响使用功能为原则。开模时，为了使塑件留在凸模上，塑件内表面的脱模斜度通常要比外表面的脱模斜度小，通常小于 $0.5°$ 为宜。

具体选择脱模斜度时应注意以下几点：

（1）脱模斜度的取向原则：一般内孔以小端为准，符合图样要求，斜度由扩大方向取得；外形以大端为准，符合图样要求，斜度由缩小方向取得。如图 2 - 10 所示。

（2）凡塑件精度要求高的，应选用较小的脱模斜度。

（3）凡塑件尺寸较大的，应选用较小的脱模斜度。

（4）塑料收缩率大的，应选用较大的脱模斜度。

（5）塑件形状复杂的，不易脱模的，应选用较大的脱模斜度。

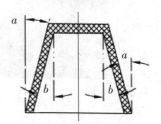

图 2 - 10 脱模斜度的取向

（6）塑件壁厚较厚时，会使成型收缩增大，脱模斜度应采用较大的数值。

（7）一般情况下，脱模斜度不包括在塑件公差范围内。

（8）透明件脱模斜度应加大，以免引起划伤。一般情况下，PS 料脱模斜度应大于 $3°$，ABS 和 PC 料脱模斜度应大于 $2°$。

（9）外表面带化学蚀纹或火花纹等外观处理的塑件侧壁应加 $3° \sim 5°$ 的脱模斜度，具体视咬花深度而定，一般晒纹版上会清楚列出供参考的要求脱模斜度。咬花深度越深，脱模斜度应越大。推荐值为 $1° + H/0.0254°$（H 为咬花深度）。一般来说，外表面蚀纹面

$Ra < 6.3$，脱模斜度取 $3°$；$Ra > 6.3$，脱模斜度取 $4°$。外表面火花纹面 $Ra < 3.2$，脱模斜度取 $3°$；$Ra > 3.2$，脱模斜度取 $4°$。

（10）外表面脱模斜度大于或等于 $3°$。

（11）除外表面外，壳体其余特征的脱模斜度以 $1°$ 为标准脱模斜度。特别的也可以按照下面的原则来取：低于 $3mm$ 的加强筋的脱模斜度取 $0.5°$，$3 \sim 5mm$ 取 $1°$，其余取 $1.5°$；低于 $3mm$ 的腔体的脱模斜度取 $0.5°$，$3 \sim 5mm$ 取 $1°$，其余取 $1.5°$。

（12）如图 $2-11$ 所示，塑件上的孔需靠凹模、凸模对碰（擦）来成型。模具上对碰（擦）的接触面称为擦面、碰面，其中擦面应有 $1° \sim 3°$ 的脱模斜度，如图 $2-12$ 所示。

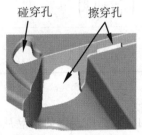

图 2-11　塑件上的碰穿孔、擦穿孔

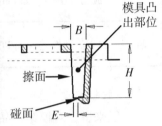

图 2-12　模具上的擦面、碰面

此外，如图 $2-13$ 所示，当塑件侧壁有 "n" 形缺口时，模具中需靠枕位成型，枕位擦面也应有 $1° \sim 3°$ 的脱模斜度。

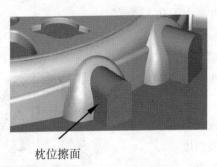

图 2-13　枕位

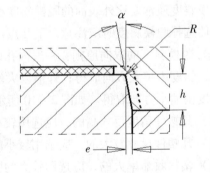

图 2-14　擦穿位尺寸要求

模具擦面上的斜度有两个作用：一是防止溢胶，因为竖直贴合面不能加预载；二是减少磨损。分析擦面、碰面可从以下两个方面考虑：

①保证结构强度。如图 $2-12$ 所示，为了避免模具凸出部位变形或折断，设计上 $B/H \geqslant 1/3$ 较合理。

②防止产生披锋。如图 $2-12$ 所示，碰面贴合值 $E > 1.2mm$。如图 $2-14$ 所示，保证擦面间隙值 $e > 0.25mm$。若按擦面斜度考虑，$h \leqslant 3mm$ 时，斜度 α 取 $5°$；$h > 3mm$ 时，斜度 α 取 $3°$；某些塑件对斜度有特定要求时，擦面高度 $h > 10mm$，允许斜度 α 取 $2°$；此外，对擦面、碰面尖部封胶位应有 $R 0.5$ 以上的圆角。

4. 加强筋（骨位）

为确保塑料制品的强度和刚度，又不致使塑件的壁增厚，可以在塑件的适当部位设置加强筋，不仅能避免塑件翘曲变形，在某些情况下，还可以改善成型时塑料熔体的流动状况，避免气泡、缩孔和凹陷等成型缺陷。为了增加塑件的强度和刚性，宁可增加加强筋的数量，也不增加其壁厚。

由于加强筋与塑件壳体连接处易产生外观收缩凹陷，所以要求其厚度应小于或等于 $0.5t$（t 为塑件壁厚），一般加强筋的厚度在 $0.8 \sim 1.2mm$。当加强筋高度在 $15mm$ 以上时，易产生走胶困难、困气，模具上可制作镶件，方便省模、排气。当加强筋高度在 $15mm$ 以下时，脱模斜度应在 $0.5°$ 以上；当加强筋高度在 $15mm$ 以上时，其根部与顶部厚度差不应小于 $0.2mm$，如图 $2-15$ 所示。

加强筋设计要点：

（1）加强筋应小于塑件壁厚，如图 $2-16$ 所示。

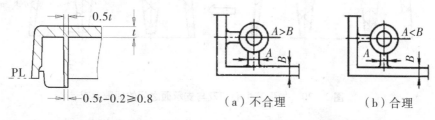

图 2 - 15　加强筋的尺寸要求　　　　图 2 - 16　加强筋的厚度要求

（2）加强筋交接处应避免过于集中，如图 $2-17$、图 $2-18$ 所示。

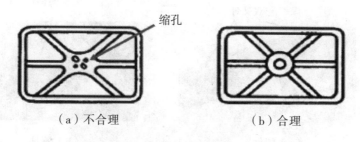

（a）不合理　　　　　　　　（b）合理

图 2 - 17　加强筋的交接

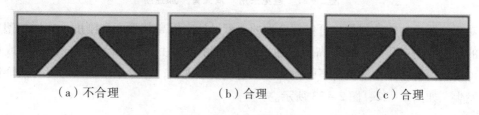

（a）不合理　　　　（b）合理　　　　（c）合理

图 2 - 18　加强筋的交接

（3）加强筋的布置方向最好与熔料的流动方向一致，如图 $2-19$ 所示。

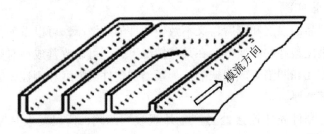

图 2-19 加强筋的布置方向

（4）加强筋之间的中心矩应大于塑件壁厚的两倍，与塑件支承面应留有一定的间隙，一般大于 0.5mm，如图 2-20 所示。

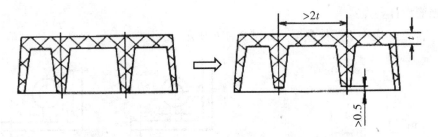

图 2-20 加强筋中心矩及与支承面之间的间隙要求

（5）塑件加强筋若采用"双叉骨"，模具上会产生尖、薄钢位，如图 2-21 所示。可改为单叉骨或加大中间宽度，避免模具产生尖、薄钢位。

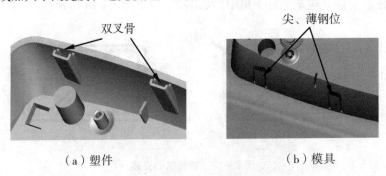

（a）塑件　　　　　　　　　　　　（b）模具

图 2-21 避免采用"双叉骨"加强筋

对于容器类的塑件制品，可依靠合理的造型设计来提高其强度和刚度。如增加塑料瓶表面的周向凹槽或凸筋，可提高塑料瓶的刚度和耐弯曲性；瓶底设置纵向的凹槽或加强筋，可消除塑料瓶在长期负荷下的偏移、下垂或变形现象；杯口处增加凸缘可有效降低变形的发生。如图 2-22、图 2-23 所示。

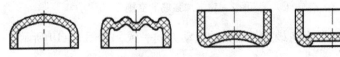

图 2-22 瓶底的增强

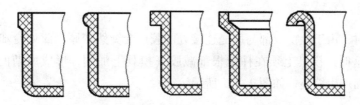

图 2 – 23   杯口的增强

5. 圆角

塑件不同表面的连接处应尽可能采用圆角过渡，以免尖角引起应力集中而使塑件开裂。圆角可使塑件外形流畅美观，还可以改善熔体充模流动，便于脱模，并有利于延长模具寿命。塑件圆角半径最小不应小于 $R0.5$。塑件内外表面拐角处的圆角的设计如图 2 – 24、图 2 – 25 所示。

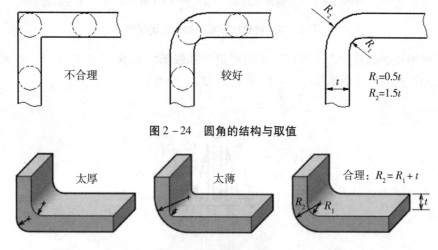

图 2 – 24   圆角的结构与取值

图 2 – 25   圆角的正确设计

对某些透明塑件的顶出，还须注意顶出痕迹不能外露。如图 2 – 26 所示，塑件为透明薄片，为避免顶出夹线痕迹，采用顶块顶出。注意，此类塑件底边不能有圆角，防止顶出痕迹透出。

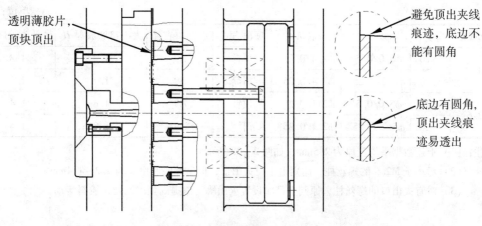

图 2 – 26   透明塑件底边不倒圆角

6. 柱子

设计柱子时，由于柱位根部与胶壳连接处的胶壁会突然变厚，此处冷却得比较慢，容易出现缩痕。这时，模具上须在柱位根部减胶（模具上加钢，形成所谓的"火山口"），以避免胶件表面产生缩痕，如图 2-27 所示。

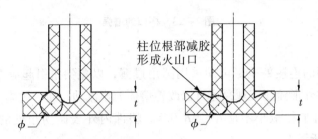

(a) $\dfrac{\phi-t}{t} \times 100\% > 8\%$，容易出现缩痕　(b) $\dfrac{\phi-t}{t} \times 100\% < 8\%$，不易出现缩痕

图 2-27　柱位根部减胶以免出现缩痕

为了增加柱子的强度，还可在柱子四周追加加强筋（俗称"火山脚"）。常见柱位加火山口及加强筋的尺寸数据见图 2-28 及表 2-3。

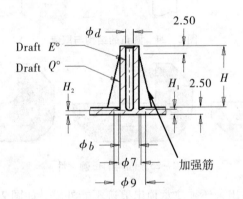

图 2-28　常见柱位加火山口及加强筋的尺寸

表 2-3　常见柱位加火山口及加强筋的尺寸数据

单位：mm

螺丝规格	高度 H	$\phi b/Q°$	$\phi d/E°$	顶出方式	火山口直径	火山口底胶厚 H_1	吊针底胶厚 H_2
M3	<20	$\phi 6.0/0.5°$	$\phi 2.4/0.25°$	顶针	$\phi 9$	1.7	1.3
	=20	$\phi 6.2/0.25°$	$\phi 2.4/0.25°$	司筒	$\phi 9$	1.7	1.3
M2.6	<20	$\phi 5.0/0.5°$	$\phi 2.1/0.25°$	顶针	$\phi 9$	1.8	1.4
	=20	$\phi 5.2/0.25°$	$\phi 2.1/0.25°$	司筒	$\phi 9$	1.8	1.4

注：（1）上述数据平均胶厚为 2.5mm，如图 2-28 所示。

（2）对小于 M2.6 的螺丝柱，原则上不设火山口，但吊针底胶厚应为 1.2～1.4mm。

（3）对有火山口的螺丝柱，原则上都应设置火山脚，以提高强度及便于胶料流动。

7. 孔

基于结构功能的要求，塑件上需有各种形状的孔，如通孔、盲孔、直孔、斜孔、方孔、圆孔、异型孔、阶梯孔、螺纹孔、简单孔和复杂孔等。从利于模具加工方面的角度考虑，孔最好做成形状规则简单的圆孔，尽可能不要做成复杂的异型孔，孔径不宜太小，孔深与孔径比不宜太大，因为塑件上的孔都是用型芯成型的，细长的悬臂型芯在成型过程中受熔体充模压力的作用很容易产生弯曲变形。图 2-29 所示为几种常见的孔的结构形状。

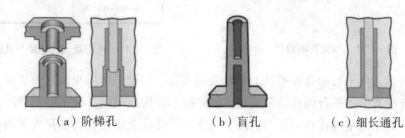

（a）阶梯孔　　　　　（b）盲孔　　　　　（c）细长通孔

图 2-29　不同结构形状的孔

常用的通孔的成型方法如图 2-30 所示。其中图 2-30（a）为一端固定的型芯成型直通孔，用于较浅的孔的成型；图 2-30（b）所示为对接型芯成型阶梯通孔，用于较深的孔的成型，但易于出现孔不同芯的问题；图 2-30（c）所示为一端固定，一端导向支承的结构的型芯成型阶梯通孔，型芯刚度增加，同轴度好，但导向部分磨损易产生溢料。

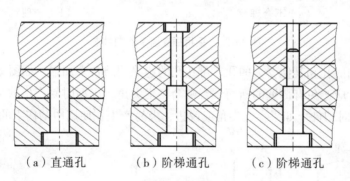

（a）直通孔　　　　　（b）阶梯通孔　　　　　（c）阶梯通孔

图 2-30　通孔的成型方法

如图 2-31 所示，互相垂直或斜交的孔的型芯不能互相嵌合。图 2-31（a）为互相嵌合，小型芯抽芯行程过大，且容易引起磨损；应采用图 2-31（b）的结构形式，在成型时小型芯从两侧抽芯后，再抽大孔型芯，既缩短小型芯抽芯行程，同时有利于提高模具的寿命和使用的安全性。

孔的设计不应影响到塑件的总体强度，孔与产品外边缘的距离最好大于 1.5 倍孔径，即 $a > 1.5d$；孔与孔之间的距离最好大于 2 倍的孔径，即 $b > 2d$，以保证产品有必要的强度，如图 2-32 所示。

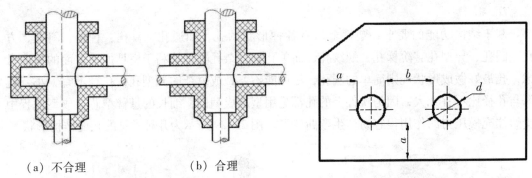

（a）不合理　　　　　（b）合理

图 2-31　相交孔的设计　　　　图 2-32　孔间距、孔边距与孔径的关系

与模具开模方向平行的孔在模具上通常是用型芯（可镶、可沿身留）或碰穿、插穿成型；与模具开模方向不平行的孔通常要设置侧向抽芯机构或斜顶，在不影响产品使用和装配的前提下，产品侧壁的孔在可能的情况下也应尽量做成能用碰穿、插穿成型的孔，如图2-33 所示。

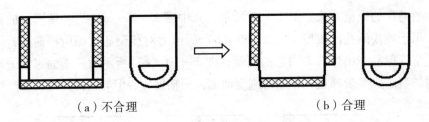

（a）不合理　　　　　　　　（b）合理

图 2-33　采用插穿避免侧向抽芯

塑件紧固用的孔和其他受力的孔，可在孔的边缘用凸台来加强，如图2-34 所示。

侧孔的设计应避免有薄壁的断面，否则会产生尖角，成型时易产生缺料的现象，如图2-35 所示。同时塑件上如果存在尖角或锐边，极易产生在使用中刮伤手的安全隐患。

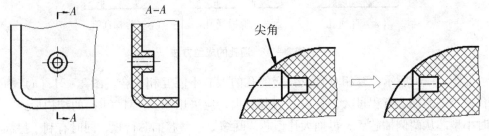

图 2-34　孔的边缘用凸台来加强　　　图 2-35　避免产生尖角

8. 支承面

通常塑件一般不以整个平面作为支承面，因为只要塑件稍有变形就会造成支承面不平。为了更好地起支承作用，常采用边框、底脚或凸边作为支承面，如图2-36 所示。

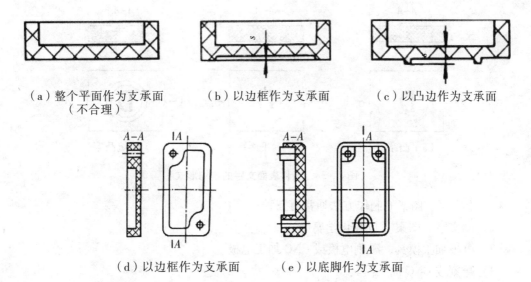

（a）整个平面作为支承面　　　（b）以边框作为支承面　　　（c）以凸边作为支承面
（不合理）

（d）以边框作为支承面　　　（e）以底脚作为支承面

图2-36　塑件支承面的形式

9. 花纹、标记、符号及文字

为了增加塑件的外形美观及特定的功能，塑件表面上常设计有花纹、标记、符号及文字等。

塑料产品的表面可以是光滑面（模具表面省光）、火花纹（模具型腔用电极放电加工形成）、各种图案的蚀纹面（晒纹面）和雕刻面。当纹面的深度深、数量多时，其出模阻力大，要相应地加大脱模斜度。塑件上的花纹应易于成型和脱模，便于模具制造，其纹向应与脱模方向一致，如图2-37所示。

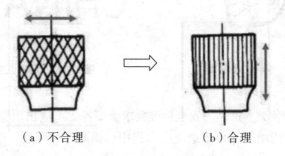

（a）不合理　　　　　（b）合理

图2-37　塑件表面滚花结构的改进

如图2-38所示，塑件表面上的标记、符号及文字有三种不同的结构形式。第一种为凸字，这种形式制模方便，但使用过程中凸字容易损坏；第二种形式为凹字，字体在使用过程中不易损坏，模具制作较复杂；第三种形式为凹坑凸字，这种形式的凸字在使用过程中不易损坏，模具制作也较方便。

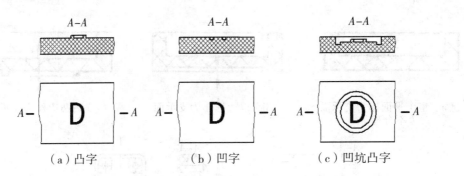

（a）凸字　　　　　　　　（b）凹字　　　　　　　　（c）凹坑凸字

图 2-38　塑件表面文字的结构形式

模具上文字、图案的制作方法通常有三种：

（1）晒文字、图案（也称化学腐蚀）。

（2）电极加工模具，雕刻电极或 CNC 加工电极。

（3）雕刻或 CNC 加工模具。

若采用电极加工文字、图案，其塑件上文字、图案的工艺要求如下：

（1）塑件上为凸形文字、图案，凸出的高度取 0.2~0.4mm 为宜，线条宽度不小于 0.3mm，两条线间的距离不小于 0.4mm，如图 2-39 所示。

（2）塑件上为凹形文字或图案，凹入的深度为 0.2~0.5mm，一般凹入深度取 0.3mm 为宜；线条宽度不小于 0.3mm，两条线间的距离不小于 0.4mm，如图 2-40 所示。

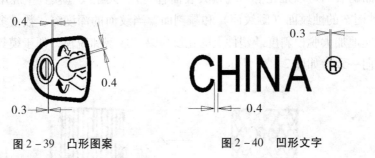

图 2-39　凸形图案　　　　　　　　　图 2-40　凹形文字

10. 塑件外形

塑件外形应符合各类型产品的安全标准要求。塑件上不应出现锋利边、尖锐点；对拐角处的内外表面，可用增加圆角来避免应力集中，提高塑件强度，改善塑件的流动情况，如图 2-41 所示。

塑件 3D 造型，若表面出现褶皱或细小碎面时，必须对其进行改善处理，或者在制造中修整电极，以满足光顺曲面的要求，如图 2-42 所示。

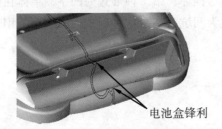

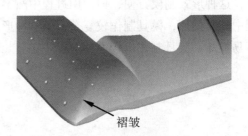

图 2-41　锋利边应加圆角　　　　　　图 2-42　褶皱面需光顺处理

任务 ② 分型面的选择

一、分型面（Parting Surface）的概念

注射模具由两大部分组成，即动模和定模。分型面是指动模和定模在闭合状态时能互相接触的表面。开模时，动模和定模在分型面处分开，以取出塑件及浇注系统。如图 2-43 所示。

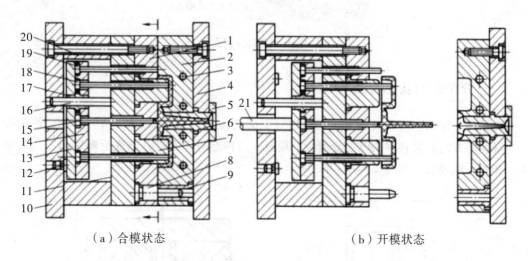

（a）合模状态　　　　　　　（b）开模状态

图 2-43 分型面

二、分型面的形状

分型面的形状一般有以下四种，如图 2-44 所示。平面型的分型面加工最简单，斜面型、阶梯面型及曲面型的分型面加工相对较困难，但从型腔制造和塑件的脱模两方面考虑仍是可行的。因此，分型面的正确选择对模具制造和塑件脱模都有至关重要的影响。

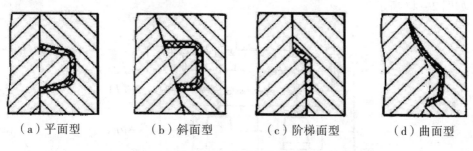

（a）平面型　　　（b）斜面型　　　（c）阶梯面型　　　（d）曲面型

图 2-44 分型面的形状

对于结构相对较复杂的塑料制品，其对应的模具分型面往往比较复杂和不规则，可能包含有平面、斜面、曲面等多种形状，如图2-45所示。

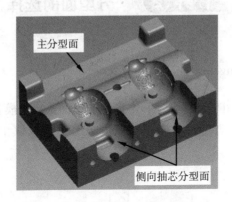

图2-45 复杂分型面

三、分型面的表示方法

在模具装配图中应用短、粗实线标出分型面的位置，如图2-46（a）所示，箭头表示模具运动方向。对有两个以上分型面的模具，可按照分型面打开的先后顺序用罗马数字Ⅰ、Ⅱ等分别表示，如图2-46（b）所示。

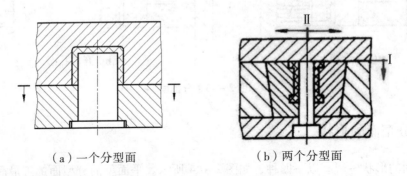

（a）一个分型面　　　　　　　　　（b）两个分型面

图2-46 分型面的表示方法

在模具企业的实际生产中，常常使用"PL"（Parting Line）来表示分型面（或分型线），如图2-47所示。

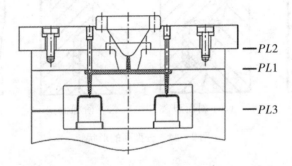

图2-47 分型面的表示方法

四、确定分型面的原则

分型面的设计直接影响着产品质量、模具结构及脱模的难易程度，是模具设计成败的关键因素之一。

确定分型面时应遵循以下原则：

1. 选在塑件外形最大轮廓处

如图 2 - 48（a）所示，分型面应选在 A 处，而不能选在 B 处；如图 2 - 48（b）所示，分型面应选在 Ⅲ 处，若选在 Ⅰ、Ⅱ 处则无法脱模；如图 2 - 48（c）所示，分型面应选在 A 处，若选在 B 处同样无法脱模。

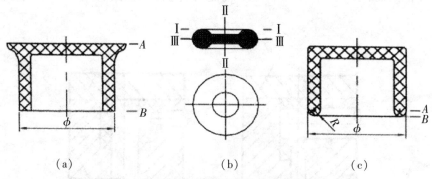

$$（a） \qquad （b） \qquad （c）$$

图 2 - 48　分型面应取在塑件的最大轮廓处

2. 有利于塑件的顺利脱模

如图 2 - 49（a）所示，开模之后塑件会因收缩包紧型芯留在定模侧而无法脱模；如图 2 - 49（b）所示，开模之后塑件留在动模侧，依靠动模上的推板推出。

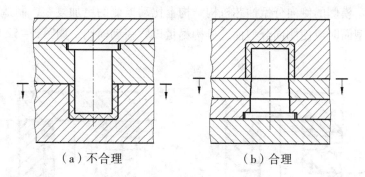

$$（a）不合理 \qquad （b）合理$$

图 2 - 49　使塑件留在动模侧

3. 有利于简化模具结构

复杂的模具结构不但会提高模具的设计和生产成本，而且还会增加模具制造难度。如图 2 - 50 所示，分型面若选在 A 处可避免采用侧向分型抽芯机构，若选在 B 处则必须采用侧向分型抽芯机构。

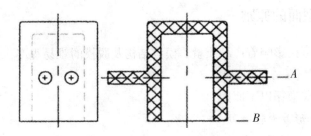

图2-50 尽量避免侧向抽芯机构

当塑件不只有一个方向需要抽芯时，在选择分型面时要使较大的型芯与开模方向一致，以减小侧向抽芯距离。图2-51（a）的侧向抽芯距离比图2-51（b）大，模具结构更复杂。

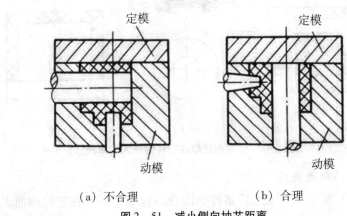

（a）不合理　　　　　　　　（b）合理

图2-51 减小侧向抽芯距离

由于位于定模侧的侧向分型抽芯机构结构上比动模侧的更加复杂，制造难度更大。因此，在选择分型面时应使侧向分型抽芯机构尽量设置在动模侧，如图2-52所示。

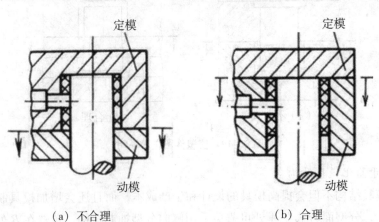

（a）不合理　　　　　　　　（b）合理

图2-52 侧向分型抽芯机构尽量设置在动模侧

4. 保证塑件的精度要求

尽量把有尺寸精度要求的部分设在同一模块上，以减小制造和装配误差。如图 2-53（b）所示，将整个齿轮皆放在动模中成型，有利于保证齿顶圆、分度圆等与齿轮安装孔之间的同轴度要求。

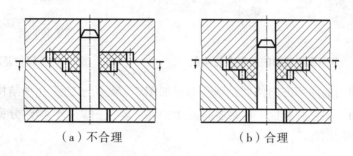

（a）不合理　　　　　　　　　（b）合理

图 2-53　有尺寸精度要求的部分设在同一模块上

5. 不影响塑件的外观质量

在分型面处不可避免地会出现飞边，容易刮伤手。因此应尽量避免在塑件外观的光滑面上设置分型面，以免影响产品美观和使用安全，如图 2-54 所示。

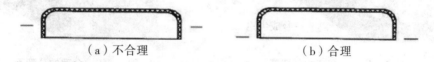

（a）不合理　　　　　　　　　（b）合理

图 2-54　避免在塑件外观光滑面上设计分型面

6. 保证型腔的顺利排气

分型面应尽可能与最后充填满的型腔表壁重合，以利于型腔排气，如图 2-55 所示。

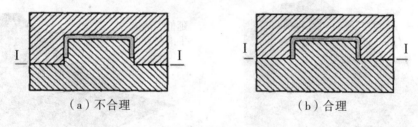

（a）不合理　　　　　　　　　（b）合理

图 2-55　分型面应有利于排气

7. 有利于封胶及延长模具使用寿命

当选用的分型面具有单一曲面（如柱面）特性时，最好按曲面的曲率方向伸展一定距离建构分型面，如图 2-56 所示。在建构分型面时，若含有台阶型、曲面型等有高度差异的一个或多个分型面时，必须建构一个基准平面，如图 2-57 所示。构建基准平面的目的是为后续的加工提供放置平面和加工基准。

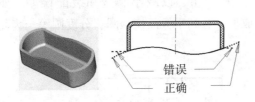

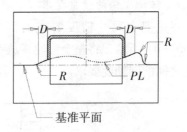

图 2 – 56　分型面沿曲面的曲率方向伸展　　　　图 2 – 57　建构基准平面

如果不按曲面的曲率方向伸展，则会形成如图 2 – 58 所示的不合理结构，产生尖钢及尖角形的封胶面，尖形封胶位不易封胶且易于损坏。若按图 2 – 59 构建分型面，则可以有效避免这些问题的出现。

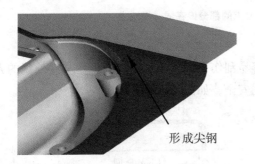

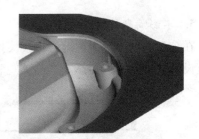

图 2 – 58　不合理的分型面　　　　　　　　　图 2 – 59　合理的分型面

如图 2 – 60 所示，不按曲面的曲率方向伸展一定距离，会产生台阶及尖形封胶面。因此，应该按曲率方向延伸建构一个较平滑的封胶面，如图 2 – 61 所示。

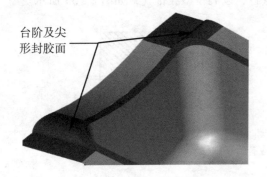

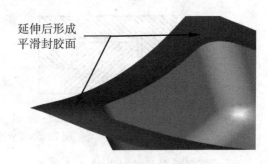

图 2 – 60　不合理的分型面　　　　　　　　　图 2 – 61　合理的分型面

任务 **3** 浇注系统设计

一、浇注系统的组成

浇注系统是指模具中从注塑机喷嘴开始到型腔为止的塑料熔体的流动通道。它可分为普通流道浇注系统和热流道浇注系统（又称无流道浇注系统）两大类型。

普通流道浇注系统由主流道、分流道、冷料井和浇口组成，如图 2 - 62 所示。

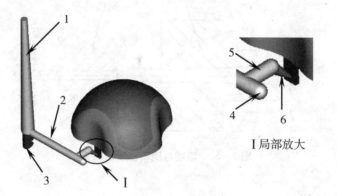

1. 主流道　2. 一级分流道　3. 料槽兼冷料井　4. 冷料井　5. 二级分流道　6. 浇口

图 2 - 62　普通流道浇注系统的组成

热流道模具是针对热塑性塑料，利用加热或隔热的方法使流道内的胶料始终保持熔融状态，从而达到无流道凝料或少流道凝料目的的注射模具。热流道浇注系统采用热唧咀直接进料，其基本结构如图 2 - 63 所示。

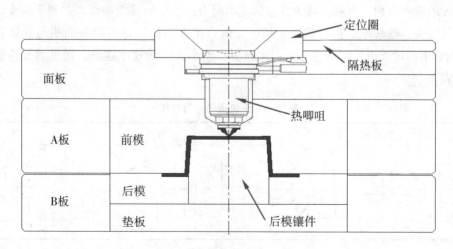

图 2 - 63　热流道浇注系统的基本结构

关于热流道浇注系统方面的内容，请读者参阅其他技术资料，本书主要针对普通流道浇注系统进行介绍。

二、主流道的设计

主流道是指紧接注塑机喷嘴到分流道为止的那一段流道，熔融塑料进入模具时首先经过主流道，其位置通常与模具中心重合。

如图 2 - 64 所示，为了保证主流道内的凝料可顺利脱出，应满足：

$D = d + (0.5 \sim 1)$ mm，$R_1 = R_2 + (1 \sim 2)$ mm

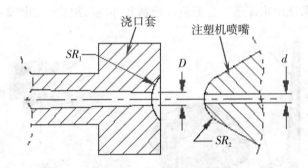

图 2 - 64　喷嘴与浇口套装配关系

三、分流道的设计

熔融塑料沿分流道流动时，要求它尽快充满型腔，流动中温度下降尽可能小，流动阻力尽可能低。同时，应能将塑料熔体均衡地分配到各个型腔。所以，在流道设计时，应从以下两个方面进行考虑：

1. 流道截面形状的选用

较大的截面面积，有利于减少流道的流动阻力；较小的截面周长，有利于减少熔融塑料的热量散失。通常称周长与截面面积的比值为比表面积（即流道表面积与其体积的比值），用它来衡量流道的流动效率。即比表面积越小，流动效率越高。常见的分流道截面形状见表 2 - 4。

表 2 - 4　分流道的截面形状

圆形	正六边形	"U"形	正方形	梯形	半圆形	矩形

其中圆形截面的优点是：比表面积最小，热量不容易散失，阻力也小。缺点是：需同

时开设在凹、凸模上，而且要互相吻合，故制造较困难。"U"形截面的流动效率低于圆形与正六边形截面，但加工容易，又比圆形和正方形截面流道容易脱模，所以，"U"形截面分流道具有优良的综合性能。以上两种截面形状的流道应优先采用，其次，采用梯形截面。"U"形截面和梯形截面两腰的斜度一般为 5°~10°。

2. 分流道的截面尺寸

分流道的截面尺寸应根据胶件的大小、壁厚、形状与所用塑料的工艺性能、注射速率及分流道的长度等因素来确定。对于常见的 2~3mm 壁厚，采用圆形分流道的直径一般在 3.5~7mm 之间变动；对于流动性能好的塑料，如 PE、PA、PP 等，当分流道很短时，直径可小至 2.5mm。对于流动性能差的塑料，如 HPVC、PC、PMMA 等，分流道较长时，直径可取 10~13mm。实验证明，对于多数塑料，分流道直径在 6mm 以下时，对流动影响最大；但直径在 8mm 以上时，再增大其直径，对改善流动的影响已经很小了。

四、冷料井的设计

冷料井（又称"冷料穴"）是为避免因喷嘴与低温模具接触而在料流前锋产生的冷料进入型腔而设置的。它一般设置在主流道的末端，分流道较长时，分流道的末端也应设冷料井。

一般情况下，主流道冷料井圆柱体的直径为 6~12mm，其深度为 6~10mm。对于大型制品，冷料井的尺寸可适当加大。对于分流道冷料井，其长度约为流道直径的 1~1.5 倍。冷料井包括以下四种类型：

1. 底部带顶杆的冷料井

图 2-65（a）所示的冷料井加工方便，故较常采用。但应注意"Z"形拉料杆不宜多个同时使用，否则不易从拉料杆上脱落浇注系统；如需使用多个"Z"形拉料杆，应确保缺口的朝向一致。但对于在脱模时无法做横向移动的制品，应采用图 2-65（b）或图 2-65（c）所示的拉料杆。

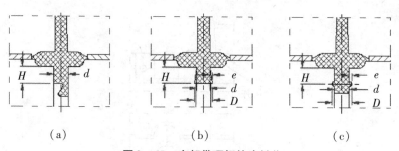

（a）　　　　　　（b）　　　　　　（c）

图 2-65　底部带顶杆的冷料井

根据塑料不同的延伸率选用不同的倒扣深度 e，$e = (D - d)/2$。若满足：$(D - d)/D < \delta$，则表示冷料井可强行脱出。其中 δ 是塑料的延伸率，其取值见表 2-5。

表 2 - 5　塑料的延伸率

单位:%

塑料种类	PS	AS	ABS	PC	PA	POM	LDPE	HDPE	RPVC	SPVC	PP
延伸率（δ）	0.5	1	1.5	1	2	2	5	3	1	10	2

2. 推板推出的冷料井

这种拉料杆专用于胶件以推板或顶块脱模的模具中。

如图 2 - 66（c）所示的锥形头拉料杆，靠塑料的包紧力将主流道拉住，不如图 2 - 66（a）球形头拉料杆和图 2 - 66（b）菌形拉料杆可靠。为增加锥面的摩擦力，可采用小锥度或增加锥面粗糙度，或采用图 2 - 66（d）的复式拉料杆来替代。后两种由于尖锥的分流作用较好，常用于单腔成型带中心孔的胶件，比如齿轮的模具上。

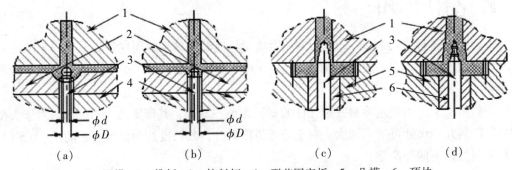

1. 凹模　2. 推板　3. 拉料杆　4. 型芯固定板　5. 凸模　6. 顶块

图 2 - 66　推板推出的冷料井

3. 无拉料杆的冷料井

对于具有垂直分型面的注射模，冷料井置于左右两半模的中心线上，当开模时分型面左右分开，制品与前锋冷料一起拔出，冷料井不必设置拉料杆，如图 2 - 67 所示。

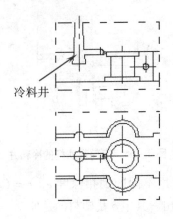

冷料井

图 2 - 67　无拉料杆的冷料井

4. 分流道冷料井

一般采用两种形式：如图 2 – 68 （a）所示，将冷料井做在后模的深度方向；如图 2 – 68 （b）所示，将分流道在分型面上延伸成为冷料井。

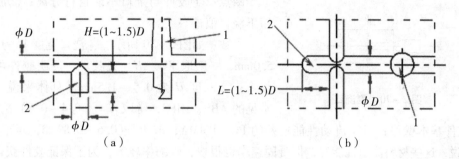

（a）　　　　　　　　　　　　（b）

1. 主流道　2. 分流道（冷料井）

图 2 – 68　分流道冷料井

五、浇口的设计

浇口是浇注系统的关键部分，浇口的位置、类型及尺寸对胶件质量影响很大。在多数情况下，浇口是整个浇注系统中断面尺寸最小的部分（主流道型的直接浇口除外）。

当充模速率恒定时，流动中的模具入口处的压力下降程度与下列因素有关：

（1）通道长度越长，即流道和型腔长度越长，压力损失越大。

（2）压力降与流道及型腔断面尺寸有关。流道断面尺寸越小，压力损失越大。矩形流道深度对压力降的影响比宽度影响大得多。

一般浇口的断面面积与分流道的断面面积之比为 0.03 ~ 0.09，浇口台阶长为 1.0 ~ 1.5mm。断面形状常见为矩形、圆形或半圆形。

常用的浇口的类型包括以下几种：

1. 直接浇口

优点：①压力损失小；②制作简单。

缺点：①浇口附近应力较大；②需人工剪除浇口（流道）；③表面会留下明显浇口疤痕。

 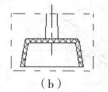 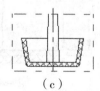

（a）　　　　　（b）　　　　　（c）

图 2 – 69　直接浇口

应用：①可用于大而深的桶形胶件，对于浅平的胶件，由于收缩及应力的原因，容易产生翘曲变形；②对于外观不允许浇口痕迹的胶件，可将浇口设于胶件内表面，如图 2 – 69 （c）所示。这种设计方式，开模后胶件留于定模，利用二次顶出机构（图中未标示出来）将胶件顶出。

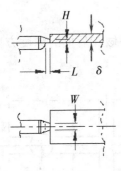

图 2 - 70　侧浇口

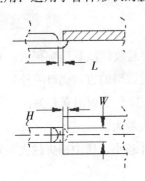

图 2 - 71　搭接式浇口

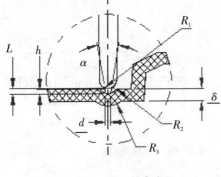

图 2 - 72　针点浇口

2. 侧浇口

优点：①形状简单，加工方便；②去除浇口较容易。

缺点：①胶件与浇口不能自行分离；②胶件易留下浇口痕迹。

参数：如图 2 - 70 所示。①浇口宽度 W 为 1.5 ~ 5.0mm，一般取 $W = 2H$。大胶件、透明胶件可酌情加大；②深度 H 为 0.5 ~ 1.5mm。具体来说，对于常见的 ABS、HIPS，常取 $H = (0.4 ~ 0.6)\delta$，其中 δ 为胶件基本壁厚；对于流动性能较差的 PC、PMMA，取 $H = (0.6 ~ 0.8)\delta$；对于 POM、PA 来说，这些材料流道性能好，但凝固速率也很快，收缩率较大，为了保证胶件获得充分的保压，防止出现缩痕、皱纹等缺陷，建议浇口深度 $H = (0.6 ~ 0.8)\delta$；对于 PE、PP 等材料来说，小浇口有利于熔体剪切变稀而降低黏度，建议浇口深度 $H = (0.4 ~ 0.5)\delta$。

应用：适用于各种形状的胶件，但对于细而长的桶形胶件不宜采用。

3. 搭接式浇口

优点：①是侧浇口的演变形式，具有侧浇口的各种优点；②是典型的冲击型浇口，可有效地防止塑料熔体的喷射流动。

缺点：①不能实现浇口和胶件的自行分离；②容易留下明显的浇口疤痕。

参数：如图 2 - 71 所示，可参照侧浇口的参数来选用。

应用：适用于有表面质量要求的平板形胶件。

4. 针点浇口

优点：①浇口位置选择自由度大；②浇口能与胶件自行分离；③浇口痕迹小；④浇口位置附近应力小。

缺点：①注射压力较大；②一般须采用三板模结构，结构较复杂。

参数：如图 2 - 72 所示，①浇口直径 d 一般为 0.8 ~ 1.5mm；②浇口长度 L 为 0.8 ~ 1.2mm；③为了便于浇口齐根拉断，应该给浇口做一锥度 α，大小为 15° ~ 20°；浇口与流道相接处圆弧 R_1 连接，使针点浇口拉断时不致损伤胶件，R_2 为 1.5 ~ 2.0mm，R_3 为 2.5 ~ 3.0mm，深度 $h = 0.6 ~ 0.8$mm。

应用：常应用于较大的面、底壳，合理地分配浇口有助于减少流动路径的长度，获得较理想的熔接痕分布；也可用于长筒形的胶件，以改善排气。

5. 扇形浇口

优点：①熔融塑料流经浇口时，在横向得到更加均匀的分配，降低胶件应力；②减少空气进入型腔的可能，避免产生银丝、气泡等缺陷。

缺点：①浇口与胶件不能自行分离；②胶件边缘有较长的浇口痕迹，须用工具才能将浇口加工平整。

参数：如图 2 - 73 所示，①常用尺寸深 H 为 $0.25 \sim 1.60$ mm；②$8.0$ mm $\leq$ 宽 $W \leq$ 浇口侧型腔宽度的 $1/4$；③浇口的横断面积不应大于分流道的横断面积。

应用：常用来成型宽度较大的薄片状胶件，流动性能较差的透明胶件，如 PC、PMMA 等。

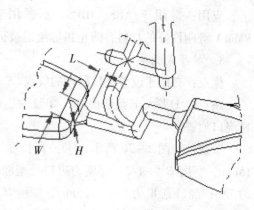

图 2 - 73 扇形浇口

6. 潜伏式浇口（俗称鸡嘴入水）

优点：①浇口位置的选择较灵活；②浇口可与胶件自行分离；③浇口痕迹小；④两板模、三板模都可采用。

缺点：①浇口位置容易拖胶粉；②入水位置容易产生烘印；③需人工剪除胶片；④从浇口位置到型腔压力损失较大。

参数：如图 2 - 74 所示，①浇口直径 d 为 $0.8 \sim 1.5$ mm；②进胶方向与铅直方向的夹角 α 为 $30° \sim 50°$；③鸡嘴的锥度 β 为 $15° \sim 25°$；④与前模型腔的距离 A 为 $1.0 \sim 2.0$ mm。

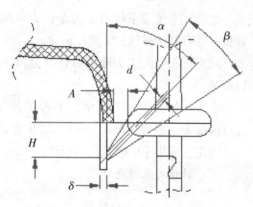

图 2 - 74 潜伏式浇口

应用：适用于外观不允许露出浇口痕迹的胶件。对于一模多腔的胶件，应保证各腔从浇口到型腔的阻力尽可能相近，避免出现滞流，以获得较好的流动平衡。

7. 弧形浇口（俗称香蕉入水或牛角入水）

优点：①浇口和胶件可自动分离；②无须对浇口位置进行另外处理；③不会在胶件的外观面留下浇口痕迹。

缺点：①可能在表面出现烘印；②加工较复杂；③设计不合理容易折断而堵塞浇口。

参数：如图 2 - 75 所示，①浇口入水端直径 d 为 $0.8 \sim 1.2$ mm，长为 $1.0 \sim 1.2$ mm；②A 值为 $2.5D$ 左右；③$\phi 2.5$ mm 是指从大端 $0.8D$

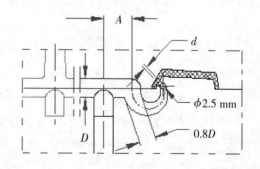

图 2 - 75 弧形浇口

逐渐过渡到小端 $\phi2.5$mm。

应用：常用于 ABS、HIPS。不适用于 POM、PBT 等结晶材料，也不适用于 PC、PMMA 等刚性好的材料，防止弧形流道被折断而堵塞浇口。

8. 护耳式浇口

优点：有助于改善浇口附近的气纹。

缺点：①需人工剪切浇口；②胶件边缘留下明显浇口痕迹。

参数：如图 2-76 所示，①护耳长度 A 为 10～15mm，宽度 B 为 $A/2$，厚度为进口处型腔断面壁厚的 7/8；浇口宽 W 为 1.6～3.5mm，深度 H 为护耳厚度的 1/2～2/3，浇口长 L 为 1.0～2.0mm。

应用：常用于 PC、PMMA 等高透明度的塑料制成的平板形胶件。

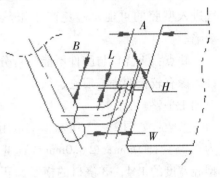

图 2-76　护耳式浇口

9. 圆环形浇口

优点：①流道系统的阻力小；②可减少熔接痕的数量；③有助于排气；④制作简单。

缺点：①需人工去除浇口；②会留下较明显的浇口痕迹。

参数：如图 2-77 所示，①为了便于去除浇口，浇口深度 h 一般为 0.4～0.6mm；②H 为 2.0～2.5mm。

应用：适用于中间带孔的胶件。

10. 斜顶式弧形浇口

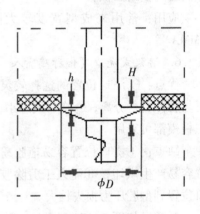

图 2-77　圆环形浇口

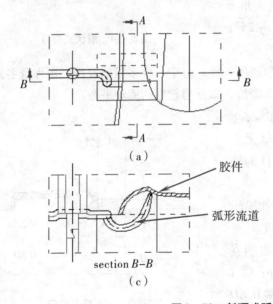

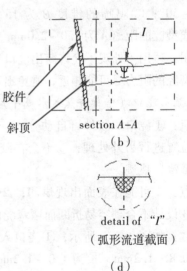

图 2-78　斜顶式弧形浇口

优点：①不用担心弧形流道脱模时被拉断的问题；②浇口位置有很大的选择余地；③有助于排气。

缺点：①胶件表面易产生烘印；②制作较复杂；③弧形流道跨距太长可能影响冷却水路的布置。

参数：可参考侧浇口的有关参数。

应用：①主要适用于排气不良的或流程长的壳形胶件；②为了减少弧形流道的阻力，推荐其截面形状选用"U"形截面，见图 2 - 78（d）；③斜顶的设计可参照模块 2 任务 6 中的"斜顶、摆杆机构"；④浇口位置应选择在胶件的拐角处或不显眼处。

六、浇口的布置

胶件浇口位置和入浇形式的选择，将直接关系到胶件成型质量和注射过程能否顺利进行。浇口的布置应遵循以下原则：

（1）保证胶料的流动前沿，能同时到达型腔末端，并使其流程为最短，如图 2 - 79 所示。

（2）避免熔接痕出现于主要外观面或影响胶件的强度。

根据客户对胶件的要求，把熔接痕控制在较隐蔽及受力较小的位置。同时，避免各熔接痕在孔与孔之间连成一条线，降低胶件强度。如图 2 - 80（a）所示，胶件上两孔形成的熔接痕连成了一条线，这将降低胶件的强度。应将浇口位置按图 2 - 80（b）来布置。为了增加熔

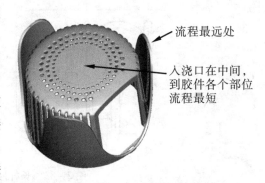

图 2 - 79 **胶料流程最短**

接的牢固程度，可以在熔接痕的外侧开设冷料井，使前锋冷料溢出。对于大型框架型胶件，可增设辅助流道，如图 2 - 81 所示；或增加浇口数目，如图 2 - 82 所示，以缩短熔融塑料的流程，增加熔接痕的牢固程度。

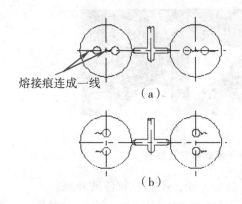

图 2 - 80 **浇口位置对熔接痕的影响**

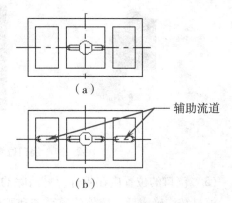

图 2 - 81 **过渡浇口增加熔接痕牢度**

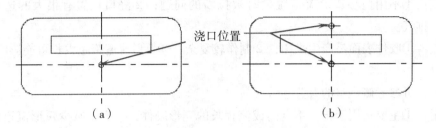

图 2 – 82 采用多浇口以增加熔接痕的牢固程度

（3）型腔内如有小型芯或嵌件时，浇口应避免直接冲击，防止变形。

如图 2 – 83（a）所示，型芯在单侧注塑压力的冲击下，会产生弯曲变形，从而导致胶件变形。若采用如图 2 – 83（b）所示的方案，从型芯的两侧平衡进胶，可有效地消除以上缺陷。

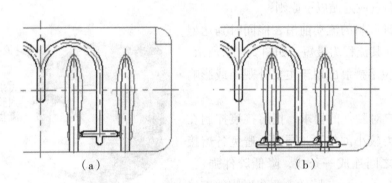

图 2 – 83 长杆形胶件的浇口布置方案

（4）避免影响零件之间的装配或在外露表面留下痕迹。

如图 2 – 84（a）所示，为了不影响装配，在按键的法兰上做一缺口，浇口位置设在缺口上，以防止装配时与相关胶件发生干涉。如图 2 – 84（b）所示，浇口潜伏在胶件的骨位上，一来浇口位置很隐蔽，二来没有附加胶片，便于注塑时自动生产。

图 2 – 84 浇口位置的布置不影响装配及外观

（5）浇口的位置应在胶件容易清除的部位，修整方便，不影响胶件的外观。

模具结构确定后，应使流道系统和胶件便于分离，采用针点浇口、潜伏式浇口、弧形浇口可实现流道系统和胶件自动分离。选择潜伏式浇口位置时，应优先考虑设置在胶件本身结构上，一方面减少注塑压力，另一方面避免生产时去除胶片。如采用胶片入浇，应考虑胶片后续的去除，如图 2 - 85 所示。侧浇口、搭接式浇口、圆环形浇口、斜顶式弧形浇口较易分离，直接浇口、扇形浇口、护耳式浇口则较难分离。

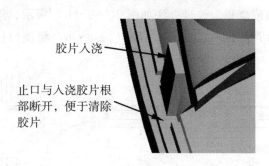

胶片入浇

止口与入浇胶片根部断开，便于清除胶片

图 2 - 85　便于胶片的清除

（6）防止出现蛇纹、烘印，应采用冲击型浇口或搭底式浇口。

熔融塑料从流道经过小截面的浇口进入型腔时，速度急剧升高，如果这时型腔里没有阻力来降低熔体速度，将产生喷射现象，如图 2 - 86（a）所示，轻微时在浇口附近产生烘印，严重时会产生蛇纹。如图 2 - 86（b）所示，若采用动模搭底，熔融塑料将喷到前模面上而受阻，从而改变方向，降低速度，可以均匀地充填型腔。

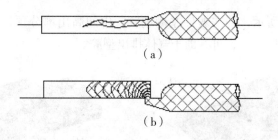

（a）

（b）

图 2 - 86　避免产生喷射的浇口布置

如图 2 - 87（a）所示，由于熔体进入型腔时没有受到阻力，而在胶件的前端产生气纹；按图 2 - 87（b）改进后，以上缺陷可消除。

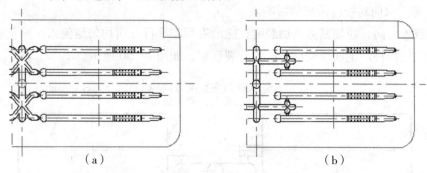

（a）　　　　　　　　　　　　（b）

图 2 - 87　喷射造成胶件的浇口附近出现烘印

（7）为了便于流动及保压，浇口应设置在胶件壁厚较厚处。

（8）有利于排气，使腔内气体挤入分型面附近。

如图 2-88（a）所示，一盖形胶件，顶部较四周薄，采用侧浇口，将会在顶部 A 处形成困气，导致熔接痕或烧焦。改进办法如图 2-88（b）所示，给顶面适当加胶，这时仍有可能在侧面位置 A 产生困气。如图 2-88（c）所示，将浇口位置设于顶面，困气现象可消除。

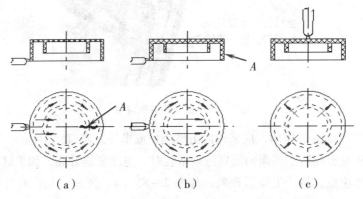

（a）　　　　　　　　（b）　　　　　　　　（c）

A. 熔接痕　细线箭头指流动方向

图 2-88　浇口位置对排气的影响（1）

如图 2-89（a）所示，若在塑件左侧进胶，中间高出部分预计将产生困气。建议采用图 2-89（b）的进胶方案，可有助于气体排出型腔。

预计困气位置

（a）　　　　　　　　　　　　　　　（b）

图 2-89　浇口位置对排气的影响（2）

（9）考虑取向对胶件质量的影响。

胶料流入方向，应使其流入型腔时，能沿着型腔平行方向均匀地流入，避免胶料流动各向异性，使胶件产生翘曲变形、应力开裂现象，如图 2-90 所示。

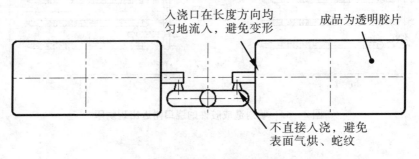

入浇口在长度方向均匀地流入，避免变形

成品为透明胶片

不直接入浇，避免表面气烘、蛇纹

图 2-90　避免胶料流动各向异性

对于长条形的平板胶件，浇口位置应选择在胶件的一端，使胶件在流动方向可获得一致的收缩，如图 2 - 91（a）所示；如果胶件的流动比较大时，可将浇口位置向中间移少量距离，如图 2 - 91（b）所示；但不宜将浇口位置设于胶件中间，从图 2 - 91（c）可以看出，浇口设于胶件中间时，树脂的流动呈辐射状，易造成胶件的径向收缩与切线方向的收缩不匀而产生变形。

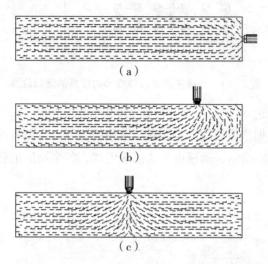

图 2 - 91　长条形平板胶件不同浇口位置的流动状态

（10）对于一模多腔的模具，优先考虑按平衡式流道来布置浇口。如图 2 - 92（b）所示，采用平衡式流道来布置浇口，更有利于各型腔的平衡充填。

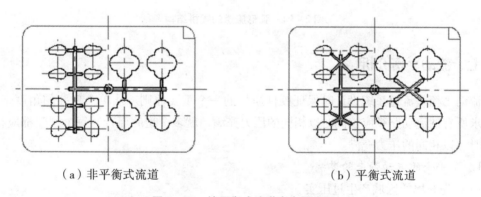

（a）非平衡式流道　　　　　　　　（b）平衡式流道

图 2 - 92　按平衡式流道来布置浇口

对一些胶料充模流动复杂的胶件，以及一模多腔或多种成品的模具，如图 2 - 93 所示，可借助 Moldflow 等 CAE 软件进行模流分析，确定入浇口的位置和尺寸。

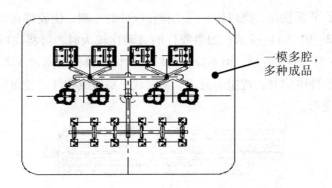

图2-93　一模多腔或多种成品的模具的浇口位置

（11）考虑加工方便。

对于一模多腔的弧形流道结构，为了减少镶块的数量，应将各弧形流道设置在大镶块的镶拼面上，如图2-94所示，动模由7块镶块组成，各个型腔的弧形流道在各镶块各出一半，这将简化加工工艺。

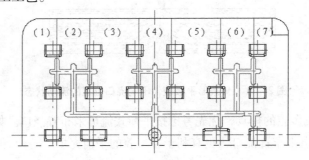

图2-94　弧形流道的镶拼结构

七、流动平衡分析

流动平衡是流道系统设计时保证胶件质量的一个重要原则。从单个型腔的角度来看，它要求所有的流动路径应该同时以相同的压力充满；就多个型腔而言，每个型腔都应在同一瞬时、以相同的压力充满。

1．不平衡的流动带来的弊病

（1）先充填的区域产生过压实。

过压实可能造成以下四个方面的缺陷：①浪费胶料；②不同区域的收缩率不同将导致胶件尺寸的不一致及翘曲；③粘模、顶白；④过高的应力状态将缩短胶件寿命。

（2）增加注塑压力。可能导致：①先充填型腔出现飞边；②需要加大机器的锁模力。

（3）不平衡的流动往往导致分子取向的不规则，引起收缩率不一致，使胶件产生翘曲。

2．实行流动平衡的方法

除了调整流道系统的尺寸外，我们还应考虑以下四个因素：

（1）正确的浇口位置及合理的浇口数量。

如图 2-95 所示，先分析充填时间。

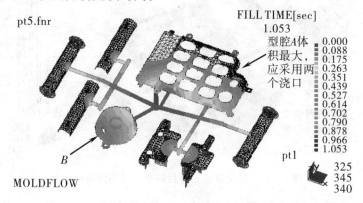

图 2-95 原始流道布置方案的充填时间分析结果

该模具由大小不同的八个型腔组成，首先考虑：①将体积最大的型腔 A 布置在离主流道最近的位置；②该型腔采用两点式进胶。

经流动分析发现，型腔 B 流程较短，最早被充填满，流动秩序与其他七个型腔相差很大。

继续比较充填压力的分布，如图 2-96 所示。

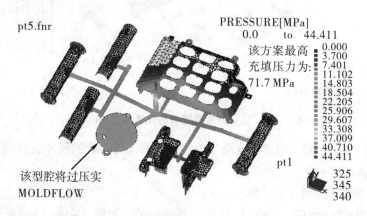

图 2-96 原始流道布置方案的充填压力分析结果

和最高充填压力 71.7MPa 相比，型腔 B 将承受很大的额外压力，所以，该型腔将出现过压实。

为了获得较理想的流动平衡，应给型腔 B 选择合理的浇口位置，并对流道系统的尺寸做进一步调整，重新进行流动分析。如图 2-97 所示，调整后充填时间变短。

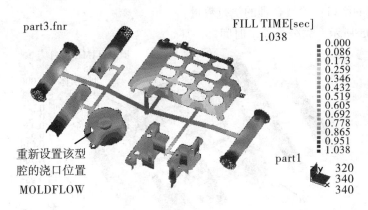

图2-97 优化流道布置后的充填时间分析结果

再比较充填压力的分布，如图2-98所示。由分析结果可知，平衡后的流道系统有效地降低了整个模具的充填压力。

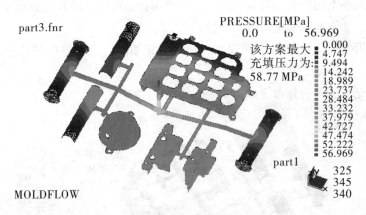

图2-98 优化流道系统后的充填压力分析结果

由以上分析结果可知，通过改变浇口位置以及对流道系统的尺寸进行调整之后，塑料熔体的流动平衡性得到了较好的改善。

（2）改变型腔不同部位的壁厚。

由于结构和外观的原因，浇口位置可能是确定的。如图2-99（a）所示，浇口定在矩形盘的中心，若采用一致的壁厚2.0mm，浅色区域流动路径最短，它将先于深色区域被充填满，形成不平衡流动。

如图2-99（b）所示，可以通过以下方法来改善流动平衡：①导流，即增加壁厚以加速流动。该例中，将深色区域的壁厚从2.0mm增加到2.5mm；②限流，即减少壁厚以减慢流动。该例中，将浅色区域的壁厚从2.0mm减少到1.5mm。

通过调整胶件的壁厚，使胶件获得平衡的流动秩序，如图2-99（c）所示。

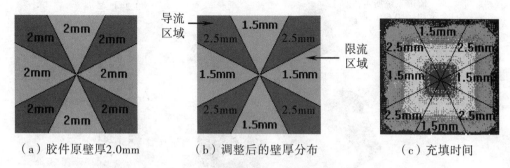

（a）胶件原壁厚2.0mm　　　（b）调整后的壁厚分布　　　（c）充填时间

图2-99　通过导流和限流来调节胶件的流动平衡

导流和限流各有其优缺点。

导流需增加塑料用量，并要延长冷却时间，从而可能会因冷却不均匀而造成胶件翘曲。然而，这种方法可以采用较低的注塑压力以降低浇口附近的应力水平，并且能得到较好的流动平衡，最后会使胶件翘曲变形减小。

限流可以节约材料，且不会延长冷却时间，但会增加充填压力。

对于上述这两种方法，具体采用哪一种取决于应力和压力的大小，有时两种方法同时采用能收到更好的效果。这两种方法主要应用于大型的箱盖、面壳，以防止胶件变形，或用于解决胶件局部困气的问题。

（3）合理布置多腔模具的型腔。

如图2-100所示，在原型腔布置的基础上，流道系统无法实现流动平衡。因为体积较大的型腔和体积较小的型腔共用了相当长的一段流道，限制了尺寸的调节。

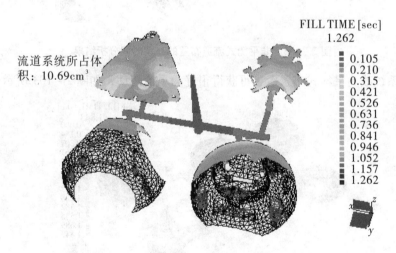

图2-100　原型腔布置的充填时间分析结果

调整型腔布置后，对流道的布置也进行调整，可获得较好的流动平衡，如图2-101所示。由分析结果可知，调整型腔布置后，流道系统的用料并没有增加。

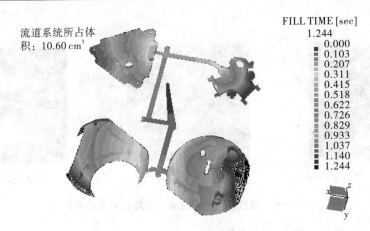

图 2-101 调整型腔布置后的充填时间分析结果

（4）尽量采用平衡式流道。

如图 2-102 所示，非平衡式流道布置会导致很大的流动秩序差别。

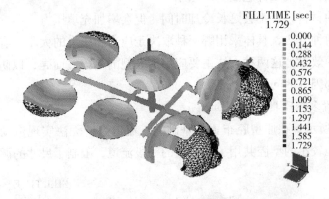

图 2-102 非平衡式流道布置的充填时间分析结果

把流道系统改为平衡式布置后，可获得很好的平衡流动，如图 2-103 所示。

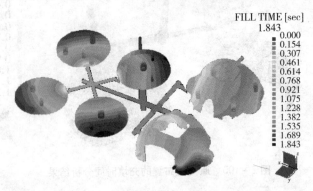

图 2-103 采用平衡式流道系统后的充填时间分析结果

以上几种实现流动平衡的方法，一般优先考虑调节流道系统的尺寸来达到平衡的流动，但往往很难通过一种方法来实现，可根据实际情况同时选用两种或三种方法。

任务 ④ 模具结构类型的选定

注射模在注射设备上一般通过螺栓压板的方式进行固定。根据码模的方式，将注射模模架分为工字模和直身模两类。通常模具宽度尺寸小于或等于 300mm 时，选择工字模，如图 2－104 所示；而模具宽度尺寸大于 300mm 时，选择直身模，如图 2－105 所示。

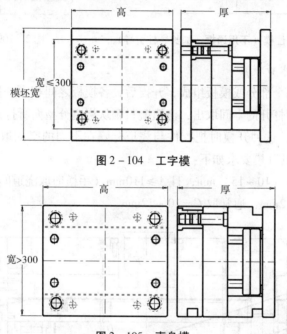

图 2－104　工字模

图 2－105　直身模

根据模具基本结构，注射模具可分为两大结构类型：一类是二板模，也称大水口模；另一类是三板模，也称细水口模。其他特殊结构的模具，如哈夫模、热流道模、双色模等，都是在上述两种模具的基础上演变而来。

1. 二板模（大水口模）

二板模是指那些能从分型面分开成定模（前模）、动模（后模）两个半模的模具。二板模常见结构类型如图 2－106 至图 2－109 所示。

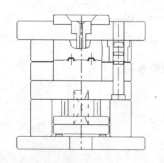

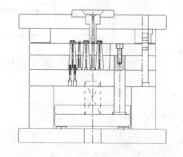

图 2－106　普通二板模（前、后模通框）　　　　图 2－107　推板模（前模通框）

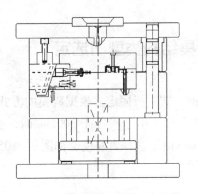 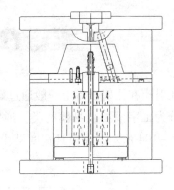

图 2 - 108　行位模（不用通框，加长导柱引导）　　　　图 2 - 109　哈夫模

2. 三板模（细水口模）

三板模主要由三个部分或模板组成，开模后，各模板之间相隔一段距离，胶件从胶件分型面的两块模板所打开的空间取出，浇道凝料则从浇道分型面所打开的空间落下（这是对冷流道模具来讲），这种开模时把胶件与浇道分隔在不同的空间取出的模具称三板模，如图 2 - 110 所示，其开模要求如下：

（1）$A = D + E +$（$10 \sim 15$）mm，且 $A \geqslant 110$mm（手横向取浇道间距）。

（2）$B + C = A + 2$mm，通常取 $C = 10 \sim 12$mm。

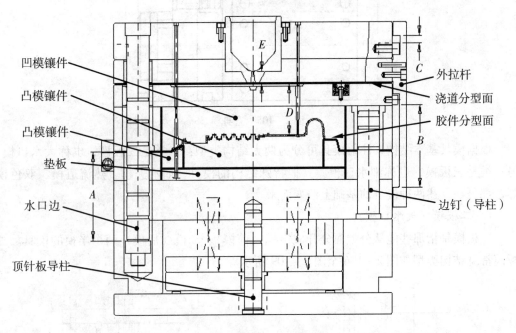

凹模镶件
凸模镶件
凸模镶件
垫板
水口边
顶针板导柱

外拉杆
浇道分型面
胶件分型面
边钉（导柱）

图 2 - 110　三板模（前、后模通框）

任务 ⑤ 脱模机构设计

塑件脱模是注射成型过程中的最后一个环节，脱模质量好坏将最后决定塑件的质量。当模具打开时，塑件须留在具有脱模机构的半模（常在动模）上，利用脱模机构（又称顶出机构）脱出塑件。

一、脱模机构的设计原则

（1）为使塑件不致因脱模产生变形，推力布置应尽量均匀，并尽量靠近塑料收缩包紧的型芯，或者难于脱模的部位，如塑件细长柱位，采用司筒（推管）脱模。

（2）推力点应作用在塑件刚性和强度最大的部位，避免作用在薄胶位，作用面也应尽可能大一些，如突缘、（筋）骨位、壳体壁缘等位置，筒形塑件多采用推板脱模。

（3）避免脱模痕迹影响塑件外观，脱模位置应设在塑件隐蔽面（内部）或非外观表面；对透明塑件尤其须注意脱模顶出位置及脱模形式的选择。

（4）避免因真空吸附而使塑件产生顶白、变形，可采用复合脱模或用透气钢排气，如顶杆与推板或顶杆与顶块脱模，顶杆适当加大配合间隙排气，必要时还可设置进气阀。

（5）脱模机构应运作可靠、灵活，且具有足够强度和耐磨性，如摆杆、斜顶脱模，应提高滑碰面强度、耐磨性，滑动面开设润滑槽；也可经渗氮处理提高表面硬度及耐磨性。

（6）模具回针长度应在合模后，与定模板接触或离开 0.1mm，如图 2−111 所示。

（7）弹簧复位常用于顶针板回位；由于弹簧复位不可靠，不可用作可靠的先复位。

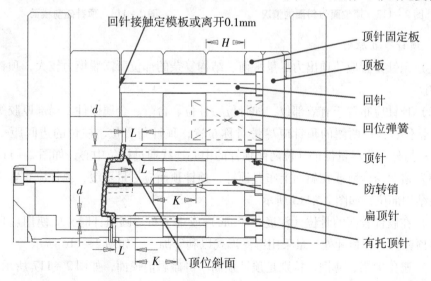

图 2−111　顶针、扁顶针脱模机构

二、顶针、扁顶针脱模

塑件脱模常用方式有顶针、司筒、扁顶针、推板脱模；由于司筒、扁顶针价格较高（比顶针贵 8～9 倍），推板脱模多用在筒形薄壳塑件，因此，脱模使用最多的是顶针。当塑件周围无法布置顶针，如周围多为深骨位，骨深 ≥15mm 时，可采用扁顶针脱模。顶针、扁顶针表面硬度在 55HRC 以上，表面粗糙度 Ra1.6 以下。顶针、扁顶针脱模机构如图 2－111 所示。

1. 设计要点

（1）顶针直径 $d \leqslant \phi2.5mm$ 时，选用有托顶针，提高顶针强度。

（2）扁顶针、有托顶针，$K \geqslant H$。

（3）扁顶针、顶针与孔配合长度 $L=10～15mm$；对小直径顶针 L 取直径的 5～6 倍。

（4）若顶位面是斜面，顶针固定端须加定位销，如图 2－111 所示；为防止顶出滑动，斜面可加工多个 R 小槽，如图 2－112 所示。

（5）顶针距型芯边至少 0.15mm，如图 2－112 所示。

（6）避免顶针与前模产生碰面，如图 2－113 所示，此结果易损伤前模或出披锋。

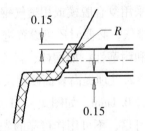

图 2－112　顶位面为斜面的情况

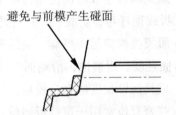

图 2－113　顶针碰前模面

2. 顶针布置原则

（1）顶针布置应使顶出力尽量平衡。结构复杂的部位所需脱模力较大，顶针数量应相应增加。

（2）顶针应布置于有效部位，如骨位、柱位、台阶、金属嵌件、局部厚胶等结构复杂部位。骨位、柱位两侧的顶针应尽量对称布置，顶针与骨位、柱位的边间距一般取 $D=1.5mm$；另外，应尽量保证柱位两侧顶针的中心连线通过柱位中心，如图 2－114 所示。

（3）避免跨台阶或在斜面上布置顶针，顶针顶面应尽量平缓，顶针应布置于胶件受力较好的结构部位，如图 2－115 所示。

（4）在胶件较深的骨位（深度 ≥20mm）或难于布置圆顶针时，应使用扁顶针。需要使用扁顶针时，扁顶针处尽量采用镶件形式以利于加工，如图 2－116 所示。

（5）避免尖钢、薄钢，特别是顶针顶面不可碰触前模面，如图 2－117 所示。

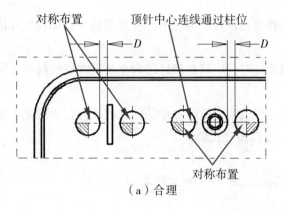

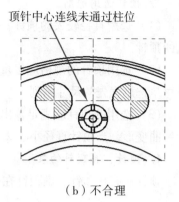

（a）合理　　　　　　　　　　　　　（b）不合理

图 2-114　顶针对称布置在骨位、柱位两侧

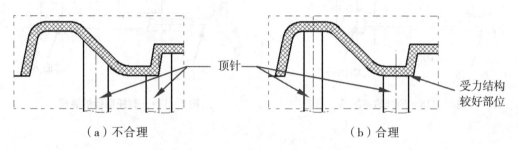

（a）不合理　　　　　　　　　　　　（b）合理

图 2-115　顶针布置在胶件受力较好的部位

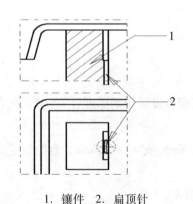

1. 镶件　2. 扁顶针

图 2-116　扁顶针处采用镶件形式

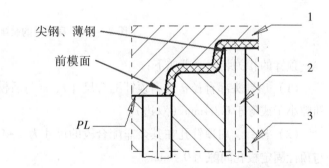

1. 前模　2. 顶针　3. 后模

图 2-117　避免尖钢、薄钢和顶针顶面碰前模面

（6）顶针布置应考虑顶针与运水道的边间距，避免影响运水道的加工及防止漏水。

（7）考虑顶针的排气功能，应在易形成抽真空的部位布置顶针。如型腔较大平面处，虽胶件包紧力较小，但易形成抽真空，导致脱模力加大。

（8）有外观要求的胶件，顶针不能布置在外观面上，应采用其他顶出方法。

（9）对于透明胶件，顶针不能布置在需透光的部位。

3. 顶针选用原则

（1）选用直径较大的顶针。即在有足够顶出位置的情况下，应选用较大直径且尺寸优先的顶针。

（2）选用顶针的规格应尽量少。选用顶针时，应调整顶针的大小使尺寸规格最少，同时尽量选用优先的尺寸系列。

（3）选用的顶针应满足顶出强度要求。顶出时，顶针要承受较大的压力，为避免小顶针弯曲变形，当顶针直径小于 2.5mm 时，应选用有托顶针。

4. 顶针、扁顶针的装配

顶针、有托顶针、扁顶针在模具中的装配如图 2-118 至图 2-120 所示。

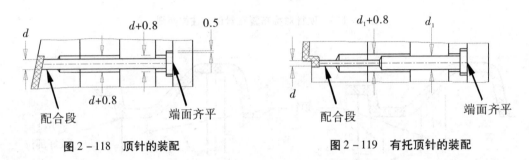

图 2-118　顶针的装配　　　　　　　　　　图 2-119　有托顶针的装配

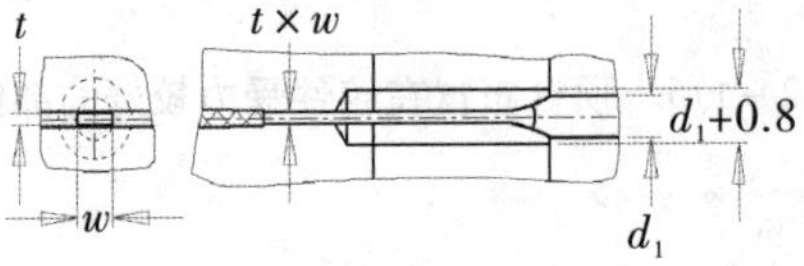

图 2-120　扁顶针的装配

顶针的相关装配要求如下：

（1）顶针头部直径 d 及扁顶针配合尺寸 t、w 与后模配合段采用间隙配合 $H8/f7$，配合间隙小于或等于 0.04mm（双边）。

（2）顶针、扁顶针孔在其余非配合段的尺寸为 $d+0.8$mm 或 $d_1+0.8$mm，台阶固定端与顶针固定板孔间隙为 0.5mm。

（3）顶针、扁顶针底部端面与顶针固定板底面必须齐平。

（4）顶针顶部端面与后模面应齐平，高出后模表面 $e \leqslant 0.1$mm，如图 2-121 所示。

图 2-121　顶针长度要求

5. 顶针的固定

（1）利用顶针固定板上加工台阶孔进行固定。当顶针端面与轴线不垂直时需防止顶针转动，常用方式有以下两种：一种是顶针轴向台阶边加定位销定位，如图 2 - 122 所示；另一种是径向加定位销定位，如图 2 - 123 所示。

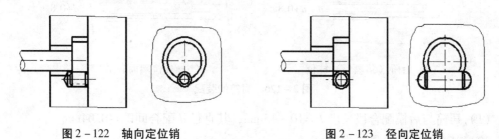

图 2 - 122　轴向定位销　　　　　　图 2 - 123　径向定位销

（2）无头螺丝固定，如图 2 - 124 所示。此方式是在顶针端部无垫板时使用，常用在固定司筒针和三板模球形拉料杆上。

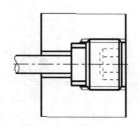

图 2 - 124　无头螺丝固定

三、司筒脱模

司筒脱模如图 2 - 125 所示，司筒常用于长度 ≥20mm 的圆柱位脱模。标准司筒表面硬度 HRC ≥60，表面粗糙度 ≤Ra1.6。另外，司筒的壁厚应 ≥1mm；布置司筒时，司筒针固定位不能与顶棍孔发生干涉。

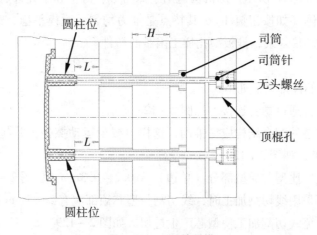

图 2 - 125　司筒脱模

1. 司筒的配合要求

司筒脱模配合关系如图2-126所示，司筒的装配要求如下：

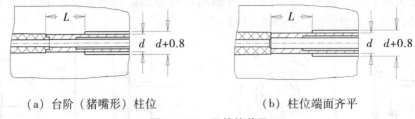

（a）台阶（猪嘴形）柱位　　　　　　　（b）柱位端面齐平

图2-126　司筒的装配

（1）司筒与后模配合段长度 $L = 10 \sim 15\text{mm}$，其直径 d 配合间隙 $\leqslant 0.04\text{mm}$。

（2）其余无配合段尺寸为 $d + 0.8\text{mm}$。

2. 大司筒针的固定

司筒针通常使用无头螺丝固定于底板上。但当司筒针直径 $d > 8\text{mm}$ 时，固定端采用垫块方式固定，如图2-127所示。

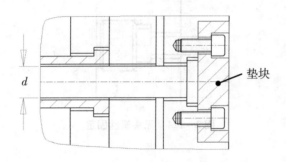

图2-127　大司筒针的固定

四、推板脱模

推板脱模如图2-128所示。此机构适用于深筒形、薄壁和不允许有顶针痕迹的塑件，或一件多腔的小壳体（如按钮塑件）。其特点是推力均匀，脱模平稳，塑件不易变形。不适用于分型面周边形状复杂，推板型孔加工困难的塑件。

1. 设计要点

推板脱模机构的设计要点如下：

（1）推板与回针通过螺钉连接，如图2-128所示。

（2）推板与型芯的配合结构应呈锥面，这样可减少运动擦伤，并起到辅助导向作用；锥面斜度为 $3° \sim 10°$，如图2-129（a）所示。

（3）推板内孔应比型芯成型部分（单边）大 $0.2 \sim 0.3\text{mm}$，如图2-129（a）所示。

（4）型芯锥面采用线切割加工时，线切割与型芯顶部应有 $\geqslant 0.1\text{mm}$ 的间隙，如图2-129（b）所示；避免线切割加工使型芯产生过切，如图2-129（c）所示。

（5）模坯订购时，注意推板与边钉配合孔须安装直司（直导套）。

（6）推板脱模后，须保证塑件不滞留在推板上。

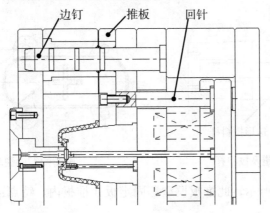

图 2-128 推板脱模

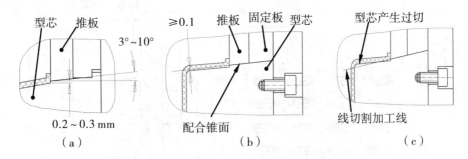

（a）　　　　　　　　（b）　　　　　　　　（c）

图 2-129 推板脱模机构的设计要点

2. 推板机构示例

（1）如图 2-130 所示，为一件多腔推板模，型芯、推板、型芯固定板需要通过线切割加工。

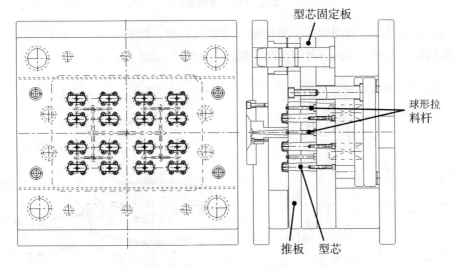

图 2-130 推板脱模

推板模通常采用球形拉料杆，浇道只在前模开设，如图2－131所示。此推板模线切割线将米仔位留在型芯内，防止塑件滞留在推板上，如图2－132所示。

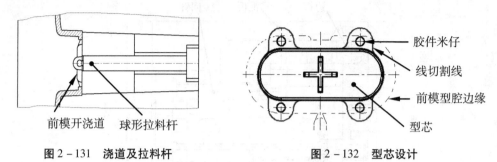

图2－131　浇道及拉料杆　　　　　　　　图2－132　型芯设计

（2）如图2－133所示，此推板模型芯固定板在推板内。特点：使后模尺寸 B 变小，减少线切割加工量。

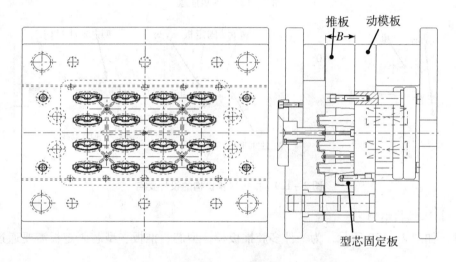

图2－133　推板脱模

模具上的型芯固定板用螺钉、圆柱销与动模板连接，结构如图2－134所示。线切割加工线将圆柱位留在型芯内，使塑件顺利脱模，如图2－135所示。

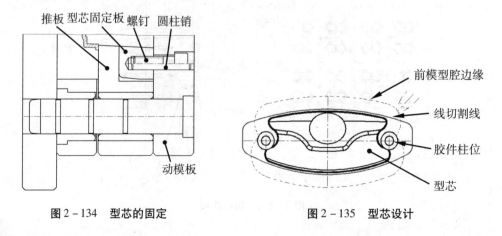

图2－134　型芯的固定　　　　　　　　　图2－135　型芯设计

五、推块脱模

对塑件表面不允许有顶针痕迹（如透明塑件），且表面有较高要求的塑件，塑件整个表面可采用推块顶出，如图2－136所示。

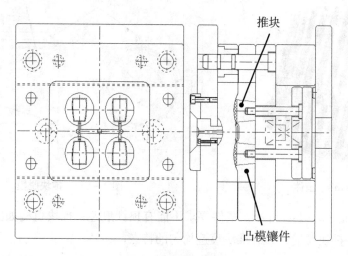

图2－136　推块脱模

1. 机构要点

（1）推块应有较高的硬度和较小的表面粗糙度；选用材料应与凸模镶件有一定的硬度差（一般在5HRC以上）；推块需渗氮处理（除不锈钢不宜渗氮外）。

（2）推块与凸模镶件的配合间隙以不溢料为准，并要求滑动灵活；推块滑动侧面开设润滑槽。

（3）推块与凸模镶件配合侧面应成锥面，不宜采用直身面配合。

（4）推块锥面结构应满足如图2－137所示；顶出距离（H_1）大于取出塑件所需的最小顶出高度，同时小于推块高度的一半以上。

（5）推块推出应保证稳定，对较大推块须设置两个以上的推杆。

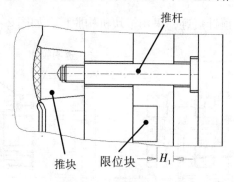

图2－137　推块脱模

2. 推块机构示例

（1）塑件如图 2-138 所示，推块机构如图 2-139 所示。此机构考虑推块脱模面积大，顶力均匀的特点，采用内、外推块顶出，使脱模平衡。

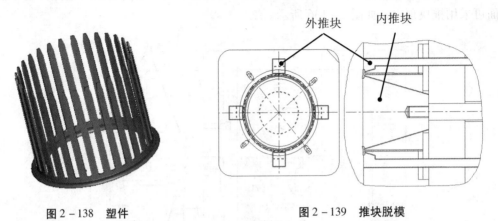

图 2-138　塑件

图 2-139　推块脱模

（2）塑件如图 2-140 所示，塑件要求不能有顶针痕迹；推块机构如图 2-141 所示。此机构应用镶件推块脱模，具有推块痕迹均匀的特点。

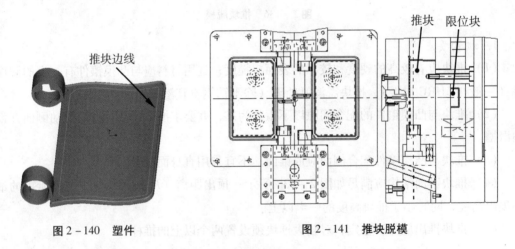

图 2-140　塑件

图 2-141　推块脱模

（3）透明塑件不能有顶针痕迹，采用推块机构脱模，如图 2-142 所示。

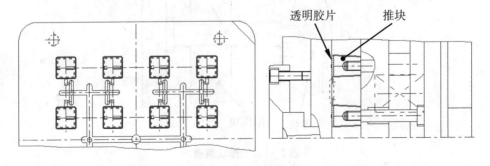

图 2-142　推块脱模

任务 6 行位机构设计

当塑件侧向存在凹陷或凸起的结构特征而影响脱模时，就需要在模具上设置侧向分型抽芯机构，又称行位机构（以下按行位机构进行说明）。

一、行位机构类型

行位机构类型较多，分类方法多种多样。根据各类行位结构的使用特点，常用行位机构可以概括为以下六类：①前模行位机构；②后模行位机构；③内行位机构；④哈夫模机构；⑤斜顶、摆杆机构；⑥液压（气压）行位机构。

二、行位设计要求

行位机构的各组件应有合理的加工工艺性，尤其是成型部位。一般要求如下：

（1）尽量避免出现行位夹线。若不可避免，夹线位置应位于胶件不明显的位置，且夹线长度尽量短小，同时应尽量采用组合结构，使行位夹线部位与型腔可一起加工。

如图 2 - 143（a）所示，行位采用整体结构，加工工艺性不好，因为行位上的成型部分不可以同前模一起加工，图示"夹线"部位不易接顺，影响模具质量。

如图 2 - 143（b）所示，行位采用组合结构，加工工艺性较好，因为行位上的成型部分（去掉镶针）可以同前模一起加工，图示"夹线"部位容易接顺，可提高模具质量。

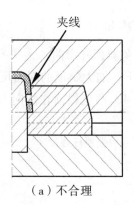
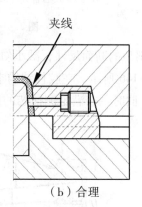

夹线 夹线

（a）不合理 （b）合理

图 2 - 143 行位结构对加工工艺性的影响

（2）为了便于加工，成型部位与滑动部分应尽量做成组合形式，如图 2 - 144 所示。

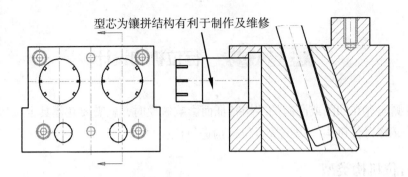

型芯为镶拼结构有利于制作及维修

图2-144 行位结构对加工工艺性的影响

（3）行位机构的组件及其装配部位应保证足够的强度、刚度。

行位机构一般依据经验设计，为保证足够的强度、刚度，一般在空间位置可满足的情况下，行位组件采用最大结构尺寸。

为了优化行位的结构设计，提高模具使用寿命，可采取以下措施：

①对较长行位针进行末端定位，避免行位针弯曲，如图2-145所示。

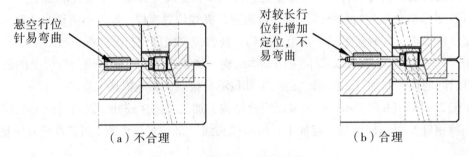

悬空行位针易弯曲

对较长行位针增加定位，不易弯曲

（a）不合理

（b）合理

图2-145 较长行位针的结构优化

②加大斜顶的断面尺寸，减小斜顶的导滑斜度，避免斜顶杆弯曲。

如图2-146所示，在胶件结构空间 D 允许的情况下，加大斜顶的断面尺寸 a、b，尤其是尺寸 b，同时，在满足侧抽芯的前提下，减小角度 A，避免斜顶在侧向力作用下杆部弯曲。

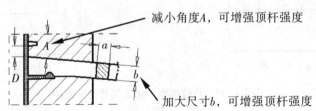

减小角度 A，可增强顶杆强度

加大尺寸 b，可增强顶杆强度

图2-146 斜顶的优化设计

③改变铲鸡的结构，增强装配部位模具的强度，如图2-147、图2-148所示。

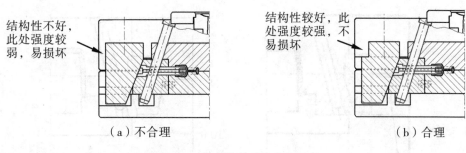

结构性不好，此处强度较弱，易损坏

结构性较好，此处强度较强，不易损坏

（a）不合理　　　　　　　　　　　（b）合理

图 2 – 147　铲鸡的结构优化（1）

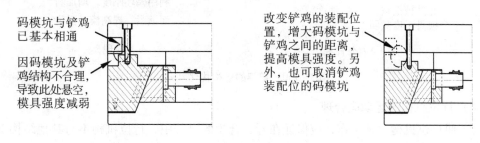

码模坑与铲鸡已基本相通

因码模坑及铲鸡结构不合理，导致此处悬空，模具强度减弱

改变铲鸡的装配位置，增大码模坑与铲鸡之间的距离，提高模具强度。另外，也可取消铲鸡装配位的码模坑

图 2 – 148　铲鸡的结构优化（2）

④增加锁紧，提高铲鸡的强度，如图 2 – 149 所示。

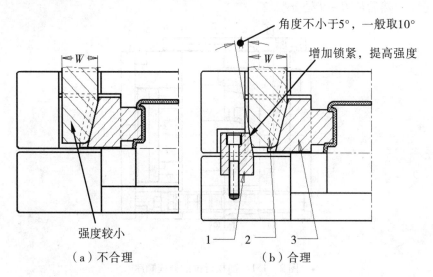

角度不小于5°，一般取10°

增加锁紧，提高强度

强度较小

W

（a）不合理　　　　　　　　　　　（b）合理

1　　　2　　　　　　　3

1. 锁紧块　2. 铲鸡　3. 行位

图 2 – 149　铲鸡的结构优化（3）

⑤利用模坯刚性，提高组件（铲鸡）强度，如图 2 – 150 所示。

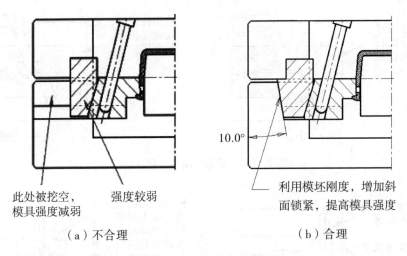

此处被挖空，　　　强度较弱
模具强度减弱

（a）不合理　　　　　　　　　（b）合理

利用模坯刚度，增加斜
面锁紧，提高模具强度

10.0°

图 2 - 150　铲鸡的结构优化（4）

（4）行位机构的运动应合理。

为了使行位机构正常工作，应保证在开、合模的过程中，行位机构不与其他结构部件发生干涉，且运动顺序合理可靠。通常应考虑以下几点：

①采用前模行位时，应保证正确的开模顺序。如图 2 - 151 所示，在开模时，应先从 $A - A$ 处分型，然后从 $B - B$ 处分型。

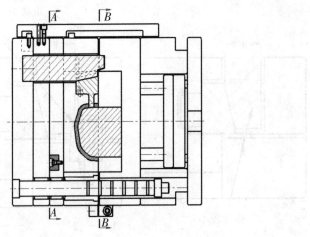

A　　B

A
B

图 2 - 151　前模行位的开模顺序

②采用液压（气压）行位机构时，行位的分型与复位顺序必须控制好，否则行位会碰坏。如图 2 - 152（a）所示，只有当锁紧块 2 离开行位后，行位机构才可以分型，合模前行位机构须先行复位，合模后由锁紧块 2 锁紧行位。如图 2 - 152（b）所示，由于行位针穿过前模，须在开模前抽出行位针，合模后行位机构才可复位，由油缸压力锁紧行位。

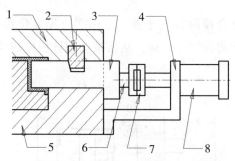 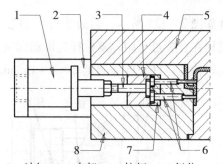

1. 前模　2. 锁紧块　3. 行位　4. 支架
5. 后模　6. 拉杆　7. 连接器　8. 油缸

（a）行位带锁紧块

1. 油缸　2. 支架　3. 拉杆　4. 行位
5. 前模　6. 行位针　7. 固定板　8. 后模

（b）行位针穿过前模

图 2 - 152　液压（气压）行位开模顺序

③行位机构在合模时，应防止与顶出机构发生干涉。当行位机构与顶出机构在开模方向上的投影重合时，应考虑采用先复位机构，让顶出机构先行复位，避免行位与顶针发生干涉，如图 2 - 153 所示。

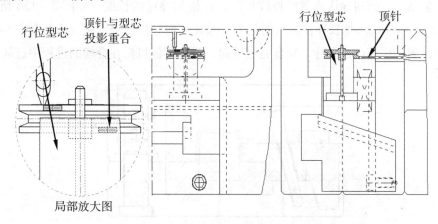

图 2 - 153　行位机构与顶出机构在开模方向上的投影重合

如图 2 - 154 所示，为避免行位型芯与顶针发生干涉，须满足的条件是：

当行位型芯顶端与顶针投影重合时，行位型芯与顶针垂直方向应有间隙，即 $F > f$；行位继续行入距离 C，同时顶针退回距离 f，此时 $f \geq C \times \cot\alpha$；当 $f < C \times \cot\alpha$ 时会发生干涉，必须增设先复位机构。

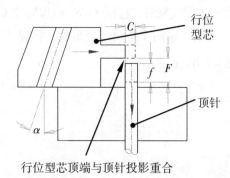

图 2 - 154　避免行位型芯与顶针发生干涉的条件

如图 2-155 所示，为防止行位型芯与顶针合模时发生干涉，常用摆块先复位机构。该机构在合模过程中，复位杆先推动摆块，摆块再作用于压块，从而带动顶针板完成先复位。机构复位杆长度须满足 $Z \geqslant A + 15\text{mm}$。

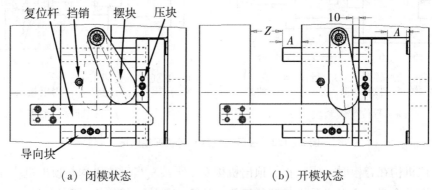

（a）闭模状态　　　　　　　　　　（b）开模状态

图 2-155　摆块先复位机构

④当驱动行位的斜导柱或斜滑板较长时，应增加导柱的长度。如图 2-156 所示，导柱长度 $L > D + 15\text{mm}$。加长导柱的目的是为了保证在斜导柱或斜滑板导入行位机构的驱动位置之前，前、后模已由导柱、导套完全导向，避免行位机构在合模的过程中碰坏。

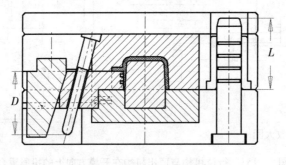

图 2-156　加长导柱

（5）要保证足够的行位行程，以利于胶件脱模。

行位行程一般取侧向孔位或凹凸深度加上 $0.5 \sim 2.0\text{mm}$。斜顶、摆杆类取较小值，其他类型取较大值。但当用拼合模成型线圈、骨架一类的胶件时，行程应大于侧凹的深度。如图 2-157（a）所示，采用哈夫模成型时，行程 $S = S_1 + (0.5 \sim 2.0)\ \text{mm} = \sqrt{R^2 + r^2} + (0.5 \sim 2.0)\ \text{mm}$；如图 2-157（b）所示，采用多拼块模成型时，行程 $S = S_1 + (0.5 \sim 2.0)\ \text{mm} = \sqrt{R^2 - A^2} + \sqrt{r^2 - A^2} + (0.5 \sim 2.0)\ \text{mm}$。

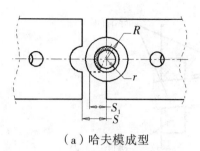 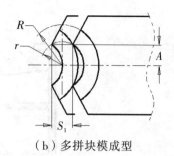

（a）哈夫模成型 　　　　　　　　　　（b）多拼块模成型

图 2 – 157　行位行程

（6）行位导滑应平稳可靠，同时应有足够的使用寿命。

行位机构一般采用"T"形导滑槽进行导滑。图 2 – 158 所示为几种常用的结构形式。

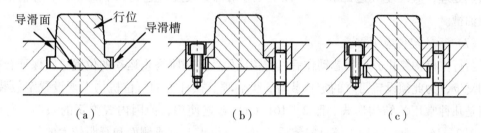

图 2 – 158　行位"T"形导滑槽结构类型

当行位机构完成侧分型抽芯时，行位块留在导滑槽内的长度不小于全长的 2/3。当模板大小不能满足最小配合长度时，可用延长式导滑槽，如图 2 – 159 所示。

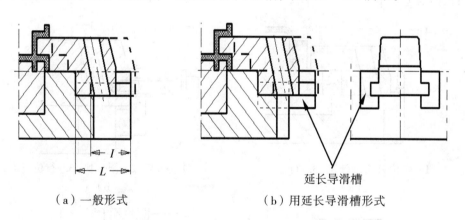

（a）一般形式　　　　　　　　　　　（b）用延长导滑槽形式

图 2 – 159　一般形式及延长式导滑槽

在斜顶、摆杆类的行位机构中，导滑面要配合斜顶、摆杆的孔壁。为了减少导滑面磨损，实际配合面不应太长。同时，为了增加导滑面的硬度，局部应使用高硬度的镶件制作，如图 2 – 160 所示。

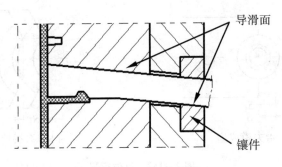

图 2 - 160　斜顶的导滑

　　行位导滑面（即运动接触面及受力面）应有足够的硬度和润滑性。一般来说，行位组件须热处理，其硬度应达到 40HRC 以上，导滑部分硬度应达到 52～56HRC，导滑部分应加工油槽。

　　（7）行位定位应可靠。

　　当行位机构终止分型抽芯动作后，行位应停留在刚刚终止运动的位置，以保证合模时顺利复位，为此须设置可靠的定位装置，但斜顶、摆杆类的行位机构无须设置定位装置。下面是几种常用的结构形式。图 2 - 161（a）普遍使用，但因内置弹簧的限制，行距较小；图 2 - 161（b）适用于模具安装后，行位块位于上方或侧面和行距较大的行位，行位块位于上方时，弹簧力应为行位块自重的 1.5 倍以上；图 2 - 161（c）适用于模具安装后，行位块位于侧面。图 2 - 161（d）适用于模具安装后，行位块位于下方，利用行位自重停留在挡块上。

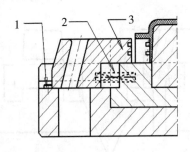

1. 限位钉　2. 弹簧　3. 行位
（a）

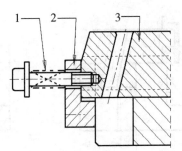

1. 弹簧　2. 限位块　3. 行位
（b）

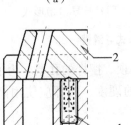

1. 定位珠　2. 行位
（c）

1. 行位　2. 限位块
（d）

图 2 - 161　行位定位装置的常用结构形式

（8）行位开启需由机械机构保证，避免单独采用弹簧的形式。

图2-162采用由弹簧单独提供开启动力，结构不合理。图2-163主要由拉板"3"提供，行位开启动力得到保证，结构合理。

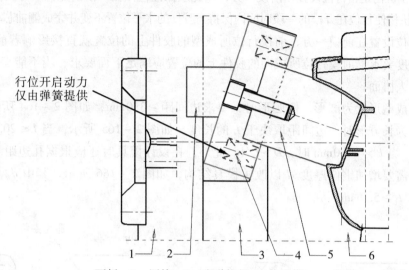

行位开启动力
仅由弹簧提供

1. 面板　2. 压块　3. 流道推板　4. 弹簧　5. 行位　6. A板

图2-162　不同结构设计对行位抽芯开启力的影响（结构不合理）

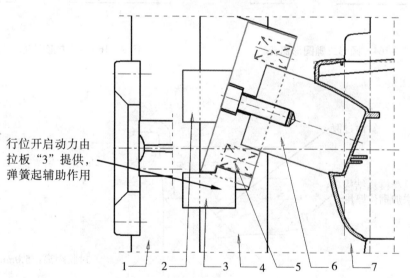

行位开启动力由
拉板"3"提供，
弹簧起辅助作用

1. 面板　2. 压块　3. 拉板　4. 流道推板　5. 弹簧　6. 行位　7. A板

图2-163　不同结构设计对行位抽芯开启力的影响（结构合理）

三、前模行位机构

前模行位机构是指行位设置在前模一方，因此须保证行位在开模前先完成分型抽芯动作；或利用某种机构使行位在开模的一段时间内保持与胶件的水平位置不变并完成侧抽芯动作。

因为行位设置在前模一方，前模行位所成型的胶件上的位置就直接影响着前模强度。为了满足强度要求，前模行位所成型的胶件上的位置应满足下面要求，当不能满足时，应与相关负责人协商。

当行位成型形状为圆形、椭圆形时，要求边间距 ≥ 3.0mm，如图 2-164 所示。当行位成型形状为长方形时，边间距取决于 L 的长度。如图 2-165 所示，当 $L \leq 20.0$mm 时，$D \geq 5.0$mm；当 $L > 20.0$mm 时，$D > L/4$。此外，在设计模具时还应根据孔边距 D 的大小来决定是否需要增加钢位厚度 H 以改善模具结构，如图 2-166 所示，其中 d_1 为封胶距离，应满足 $d_1 \geq 5.0$mm。

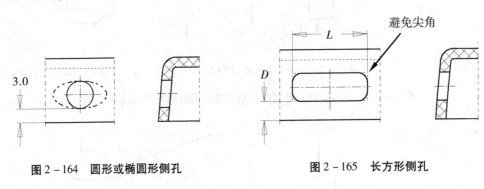

图 2-164　圆形或椭圆形侧孔　　　　　　图 2-165　长方形侧孔

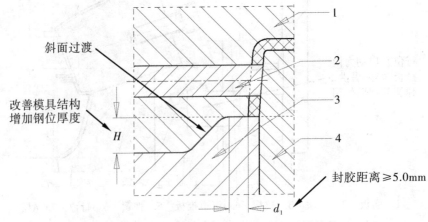

1. 前模　2. 行位型芯　3. 后模　4. 后模镶件

图 2-166　改善模具结构

另外，在设计前模行位时，除了受胶件特殊结构影响外，应尽力避免因行位孔而产生薄钢、应力集中点等缺陷，以保证模具强度，如图 2-167 所示。

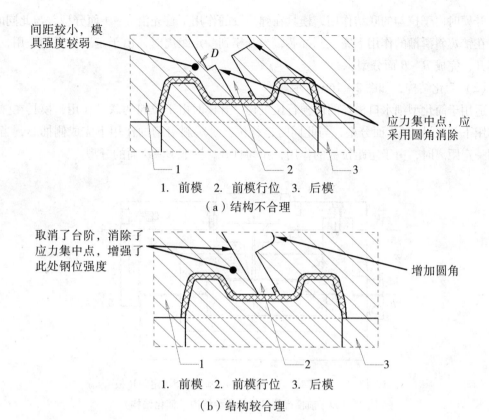

间距较小，模具强度较弱

应力集中点，应采用圆角消除

1. 前模　2. 前模行位　3. 后模

（a）结构不合理

取消了台阶，消除了应力集中点，增强了此处钢位强度

增加圆角

1. 前模　2. 前模行位　3. 后模

（b）结构较合理

图 2 - 167　改善模具结构

前模行位机构的典型结构有以下两种：

（1）基本结构，如图 2 - 168 所示。

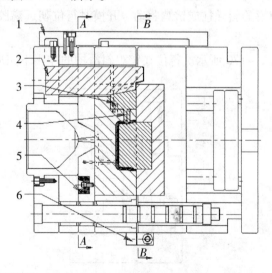

1. 定距拉板　2. 铲鸡　3. 弹簧　4. 行位　5. 弹弓胶　6. 拉勾

图 2 - 168　前模行位机构的典型结构（基本结构）

开模时由于拉勾的联结作用，模具在弹弓胶的作用下首先沿 $A-A$ 面分型，与此同时，行位在铲鸡斜滑槽的作用下完成侧抽芯，当开模到一定距离时，由于定距拉板的作用，拉勾打开，完成 $B-B$ 面分型。

（2）简化结构，如图 2-169 所示。

适用于简化型细水口模坯的前模行位机构。开模时由于拉勾的联结作用，模具在弹簧的作用下首先沿 $A-A$ 面分型，与此同时，行位在铲鸡斜滑槽的作用下完成侧抽芯，当开模到一定距离时，由于定距拉板的作用，拉勾打开，完成 $B-B$ 面的分型。

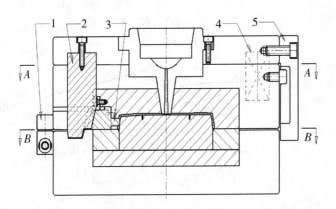

1. 拉勾　2. 铲鸡　3. 行位　4. 弹簧　5. 定距拉板

图 2-169　前模行位机构的典型结构（简化结构）

四、后模行位机构

后模行位机构的主要特点为行位在后模一方滑动，行位分型、抽芯与开模同时或延迟进行，一般由固定在前模的斜导柱或铲鸡驱动，开模时行位朝远离胶件的方向运动。其典型结构如下：

（1）结构 1，如图 2-170 所示。行位在铲鸡斜滑槽的作用下完成分型、抽芯动作。

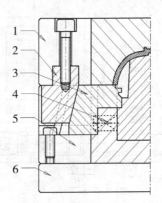

1. A 板　2. 铲鸡　3. 行位　4. 弹簧　5. B 板　6. 托板

图 2-170　后模行位机构典型结构（1）

特点：结构紧凑，工作稳定可靠，侧向抽拔力大。适用于行位较大、抽拔力要求较大的情况。

缺点：制作复杂，铲鸡与斜滑槽之间的摩擦力较大，其接触面需提高硬度并润滑。

（2）结构 2，如图 2 – 171 所示。行位在斜导柱的作用下完成分型、抽芯动作。

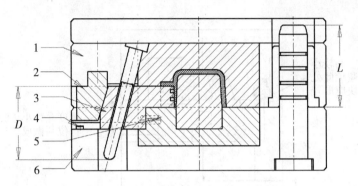

1. A 板　2. 锁紧块　3. 行位　4. 限位钉　5. 弹簧　6. B 板

图 2 – 171　后模行位机构典型结构（2）

特点：结构简单。适用于行程较小、抽拔力较小的情况。锁紧块与行位的接触面需有较高硬度并润滑。锁紧块斜面角应大于斜导柱斜角 2°～3°。

缺点：侧向抽拔力较小。行位回位时，大部分行位需由斜导柱启动，斜导柱受力状况不好。

注意：当驱动行位的斜导柱或斜滑板开始工作前，前、后模必须先由导柱导向。

五、内行位机构

内行位机构主要用于成型胶件内壁侧凹或凸起，开模时行位向胶件"中心"方向运动。其典型结构如下：

（1）结构 1，如图 2 – 172 所示，内行位成型胶件的内壁侧凹。

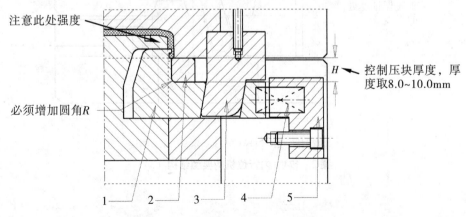

1. 内行位　2. 压块　3. 斜销　4. 弹簧　5. 挡块

图 2 – 172　内行位机构典型结构（1）

内行位在斜销的作用下移动，完成对胶件内壁侧凹的分型，斜销与内行位脱离后，内行位在弹簧的作用下定位。因须在内行位上加工斜孔，内行位宽度要求较大。

（2）结构2，如图2-173所示。行位上直接加工斜尾，开模时内行位在镶块的A斜面驱动下移动，完成内壁侧凹分型。此形式结构紧凑，内行位宽度不受限制，占用空间小。

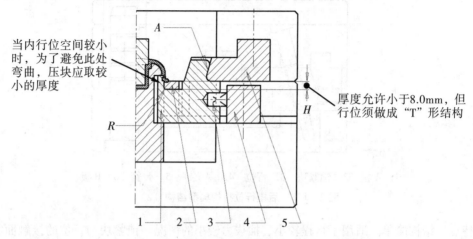

1. 内行位　2. 压块　3. 弹簧　4. 挡块　5. 镶块

图2-173　内行位机构典型结构（2）

（3）结构3，如图2-174所示，内行位成型胶件内壁的凸起。在这种形式的结构中，为了避免胶件顶出时，后模刮坏成型的凸起部分，一般要求图示尺寸$D > 0.5$mm。注意：a_1应大于a。

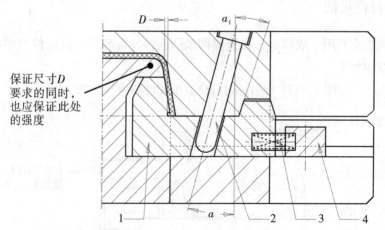

1. 内行位　2. 斜导柱　3. 弹簧　4. 挡块

图2-174　内行位机构典型结构（3）

六、哈夫模

由两个或多个滑块拼合形成型腔，开模时滑块同时实现侧向分型的行位机构称为哈夫模。哈夫模的侧行程一般较小。哈夫模的典型结构如下：

（1）结构1，如图2-175所示，型腔由两个位于前模一方的斜滑块组成。开模时在拉勾及弹簧的作用下，斜滑块沿斜滑槽运行，完成侧向分型。分型后由弹簧及限位块对斜滑块进行定位。拉勾的结构及装配形式通常采用图2-175右侧所示的两种形式。斜滑块的斜角 A 一般不超过30°。

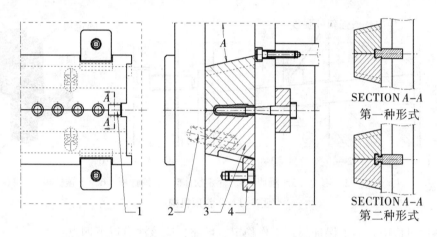

1. 拉勾　2. 弹簧　3. 斜滑块　4. 限位块

图2-175　哈夫模典型结构（1）

（2）结构2，如图2-176所示，型腔由两个位于后模一方的斜滑块组成。顶出时斜滑块在顶杆的作用下，沿斜滑槽移动，完成侧向分型，同时推出胶件。一般斜滑块的斜角 $A \leqslant 30°$ 为宜。

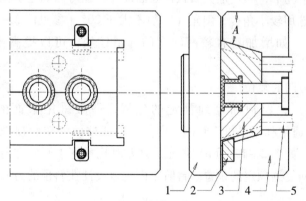

1. A板　2. 挡块　3. 斜滑块　4. B板　5. 顶杆

图2-176　哈夫模典型结构（2）

七、斜顶、摆杆机构

斜顶、摆杆机构主要用于成型胶件内部的侧凹及凸起，同时具有顶出功能，此机构结构简单，但刚性较差，行程较小。常采用的典型结构如下：

（1）结构1——斜顶机构。

图2－177所示为最基本的斜顶机构。在顶出过程中，斜顶在顶出力的作用下，沿后模的斜方孔运动，完成侧向分型。斜顶根部一般使用图示装配结构，图2－177右侧为其装配立体效果图。滑块与固定块之间的滑动要求平顺、稳定。

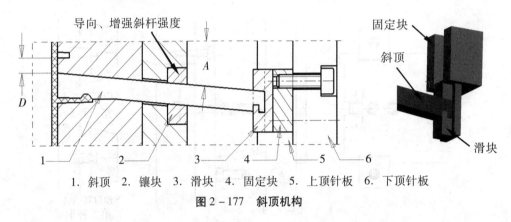

1. 斜顶　2. 镶块　3. 滑块　4. 固定块　5. 上顶针板　6. 下顶针板

图2－177　斜顶机构

在斜顶机构中，为了保证斜顶工作稳定、可靠，应该注意以下四点：

①斜顶横向移动空间。

图2－177所示尺寸D，为了保证斜顶在顶出时不与胶件上的其他结构发生干涉，应充分考虑斜顶的侧向分模距离、斜顶的斜角A，以保证有足够的横向移动空间D。

②斜顶的刚性。

在结构允许的情况下，尽量加大斜顶横断面尺寸；在可以满足侧向出模的情况下，斜顶的斜角A应尽量选用较小角度，斜角A一般不大于20°（参见图2－146）；并且将斜顶的侧向受力点下移，如增加具有较高硬度的导滑镶块，可以提高模具的寿命（参见图2－160）。

③斜顶在开模方向的复位。

为了保证合模后，斜顶回复到预定的位置，一般采用下面的结构形式。如图2－178（a）所示，通常利用平行于开模方向的平面或柱面A对斜顶进行限位，保证斜顶回复到预定的位置。如图2－178（b）所示，通常利用垂直于开模方向的平面A对斜顶进行限位，保证斜顶回复到预定的位置。台阶平面也可设计在斜顶的另两个侧面。

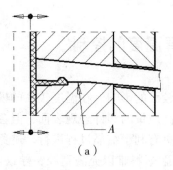 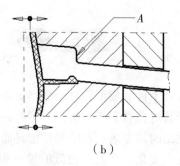

（a） （b）

图 2 – 178　斜顶复位限位方式

④斜顶底部在顶针板上的滑动要求平顺、稳定。

（2）结构 2——摆杆机构，如图 2 – 179 所示。

在顶出过程中，当摆杆的头部（L_1 所示范围）超出后模型芯时，摆杆在斜面 A 的作用下向上摆动，完成分型。

设计摆杆机构时，应保证：$L_2 > L_1$，$E_2 > E_1$。

缺点：图示 B 处易磨损，须提高此处硬度。一般要求将此处设计成镶拼结构。

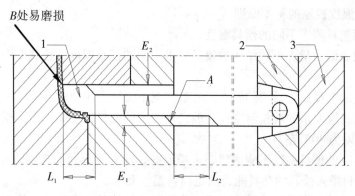

1. 摆杆　2. 上顶针板　3. 下顶针板

图 2 – 179　摆杆机构

八、液压（气压）行位机构

利用液体或气体的压力，通过油缸（气缸）活塞及控制系统，实现侧向分型或抽芯。液压（气压）行位机构的特点是行位行程长，分型力量大，分型、抽芯不受开模时间和顶出时间的限制，运动平稳灵活。典型结构形式参见图 2 – 152。

任务 ⑦　模具温度的控制

模具温度对塑件的成型质量、成型效率有着较大的影响。在温度较高的模具里，熔融塑料的流动性较好，有利于塑料充填型腔，获取高质量的塑件外观表面，但会使塑料固化时间变长，顶出时易变形；对结晶性塑料而言，更有利于结晶过程进行，避免存放及使用中塑件尺寸发生变化。在温度较低的模具里，熔融塑料难以充满型腔，导致内应力增加，表面无光泽，产生银纹、熔接痕等缺陷。

不同的塑料具有不同的加工工艺性，并且各种塑件的表面要求和结构不同。为了在最有效的时间内生产出符合质量要求的塑件，要求模具保持一定的温度。模具温度越稳定，生产出的塑件在尺寸、形状、塑件外观质量等方面的要求就越一致。因此，除了模具制造方面的因素外，模温是控制塑件质量高低的重要因素，模具设计时应充分考虑模具温度的控制方法。

1. 模具温度控制的原则

为了保证在最有效的时间内生产出高外观质量、尺寸稳定、变形小的塑件，设计时应清楚了解模具温度控制的基本原则。

（1）不同塑料要求不同的模具温度。

（2）不同表面质量、不同结构的模具要求不同的模具温度，这就要求在设计温控系统时具有针对性。

（3）前模的温度高于后模的温度，一般情况下温度差为 $20℃ \sim 30℃$。

（4）有火花纹要求的前模温度比一般光面要求的前模温度高。当前模须通热水或热油时，一般温度差为 $40℃$ 左右。

（5）当实际的模具温度不能达到要求模温时，应对模具进行升温。因此模具设计时，应充分考虑塑料带入模具的热量能否满足模具温度要求。

（6）由塑料带入模具的热量除了通过热辐射、热传导的方式消耗外，绝大部分的热量须由循环的传热介质带出模外。铍铜等易传热件中的热量也不例外。

（7）模具温度应均衡，不能局部过热或过冷。

2. 模具温度的控制方式

模具温度一般通过调节传热介质的温度，增设隔热板、加热棒的方法来控制。传热介质一般采用水、油等，其通道常被称作冷却水道。

降低模具温度，一般采用前模通"机水"（$20℃$ 左右）、后模通"冻水"（$4℃$ 左右）来实现。当传热介质的通道即冷却水道无法通过某些部位时，应采用传热效率较高的材料（如铍铜等），将热量传递到传热介质中去，或者采用"热管"进行局部冷却。

升高模具温度，一般采用在冷却水道中通入热水、热油（热水机加热）来实现。当模具温度要求较高时，为防止热传导对热量的损失，模具面板上应增设隔热板。

热流道模具中，流道板温度要求较高，须由加热棒加热。为避免流道板的热量传至前模，导致前模冷却困难，设计时应尽量减少其与前模的接触面。

3．常用塑料的注射温度与模具温度

表 2-6 所示为塑件表面质量无特殊要求（即一般光面）时常用塑料的注射温度与模具温度。其中，模具温度指前模型腔的温度。

表 2-6　常用塑料的注射温度与模具温度

单位：℃

塑料名称	ABS	AS	HIPS	PC	PE	PP
注射温度	210～230	210～230	200～210	280～310	200～210	200～210
模具温度	60～80	50～70	40～70	90～110	35～65	40～80
塑料名称	PVC	POM	PMMA	PA6	PS	TPU
注射温度	160～180	180～200	190～230	200～210	200～210	210～220
模具温度	30～40	80～100	40～60	40～80	40～70	50～70

4．冷却系统设计原则

（1）冷却水道的孔壁至型腔表面的距离应尽可能相等，一般取 15～25mm，如图 2-180 所示。

（2）冷却水道数量尽可能多，而且要便于加工。一般水道直径选用 $\phi6.0$mm，$\phi8.0$mm，$\phi10.0$mm，两平行水道间距取 40～60mm，如图 2-180 所示。

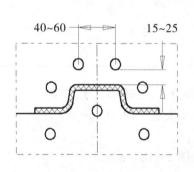

图 2-180　冷却水道的设置

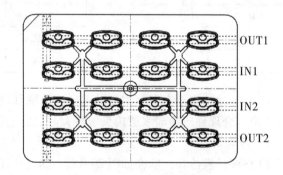

图 2-181　冷却水道的设置

（3）所有成型零部件均要求通冷却水道，除非无位置。热量聚集的部位强化冷却，如电池兜、喇叭位、厚胶位、浇口处等。A 板、B 板、水口板、浇口部分则视情况而定。

（4）降低入水口与出水口的温差。入水、出水温差会影响模具冷却的均匀性，故设计时应标明入水、出水方向，模具制作时要求在模坯上标明。运水流程不应过长，防止造成出入水温差过大。如图 2-181 所示。

（5）尽量减少冷却水道中"死水"（不参与流动的介质）的存在。

（6）冷却水道应避免设在可预见的塑件熔接痕处。

（7）保证冷却水道的最小边距（即水孔周边的最小钢位厚度），要求当水道长度小于 150mm 时，边间距大于 3mm；当水道长度大于 150mm 时，边间距大于 5mm。

（8）冷却水道连接时要由 O 型密封圈密封，密封应可靠无漏水。O 型密封圈及其密封结构如图 2-182 所示。常用 O 型密封圈的规格及装配技术要求见表 2-7。

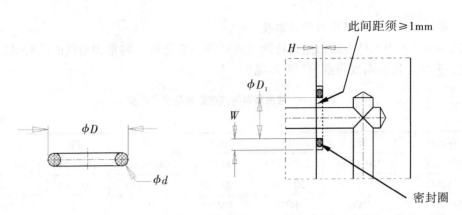

图 2 - 182　O 型密封圈及其密封结构

表 2 - 7　常用 O 型密封圈规格及装配技术要求

密封圈规格（mm）		装配技术要求（mm）		
ϕD	ϕd	ϕD_1	H	W
13.0		8.0		
16.0	2.5	11.0	1.8	3.2
19.0		14.0		
16.0		9.0		
19.0	3.5	12.0	2.7	4.7
25.0		18.0		

（9）对冷却水道布置有困难的部位应采取其他冷却方式，如铍铜、热管等。

（10）合理确定冷却水道接头位置，避免影响模具的安装、固定。

5. 冷却实例

（1）浅模腔冷却。前模如图 2 - 183 所示，后模如图 2 - 184 所示。

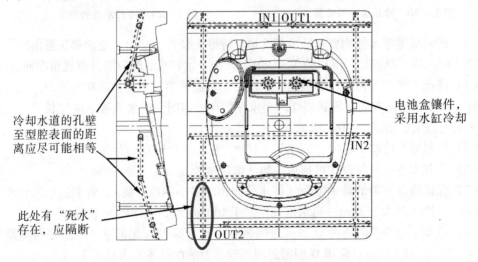

图 2 - 183　浅模腔（前模）的运水

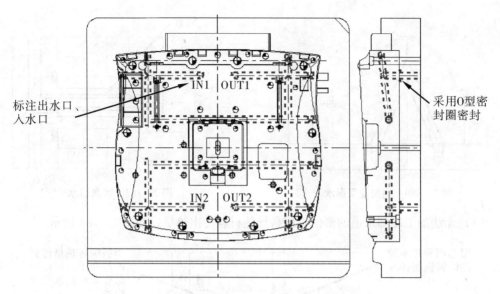

标注出水口、入水口

采用O型密封圈密封

图2-184　浅模腔（后模）的运水

（2）深模腔冷却，如图2-185所示。

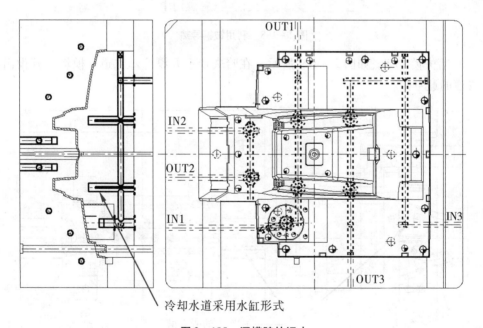

冷却水道采用水缸形式

图2-185　深模腔的运水

（3）较小的高、长型芯冷却。图2-186采用斜向交叉冷却水道；图2-187采用套管形式的冷却水道，俗称"喷泉运水"。

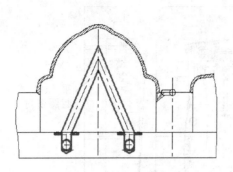

图 2 - 186　斜向交叉运水

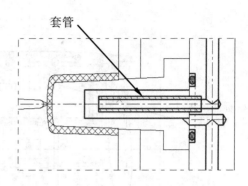

图 2 - 187　喷泉运水

（4）无法加工冷却水道的部位采用易导热材料传出热量，如图 2 - 188 所示。

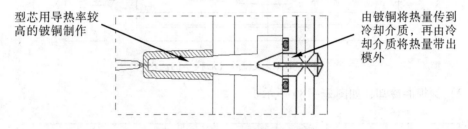

图 2 - 188　利用铍铜导热

（5）哈夫模冷却。如图 2 - 189 所示，在哈夫块上开设冷却水道，模坯上开设出水、入水管道的避空槽。

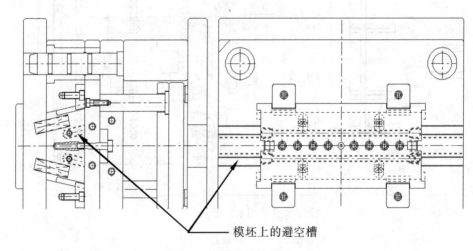

图 2 - 189　哈夫模的运水

（6）成型顶块冷却。如图 2 - 190 所示，在顶块的出水、入水管道的接口处开设避空槽，避空槽的大小应满足引水管在顶块顶出时的运动空间。

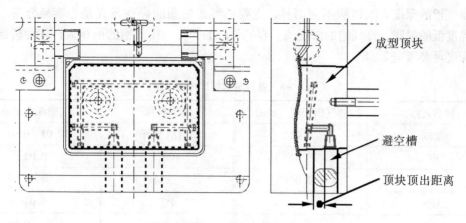

图2-190 成型顶块的运水

成型顶块

避空槽

顶块顶出距离

任务 8 排气方法的选用

模具内的气体不仅包括型腔里的空气，还包括流道里的空气和塑料熔体产生的分解气体。在注塑时，这些气体都应顺利地排出。

1. 排气不足的危害性

（1）在胶件表面形成烘印、气花、接缝，使表面轮廓不清。

（2）充填困难，或局部飞边。

（3）严重时在表面产生焦痕。

（4）降低充模速度，延长成型周期。

2. 排气方法

常用的排气方法有以下六种：

（1）开排气槽。

排气槽一般开设在前模分型面熔体流动的末端，如图2-191所示，宽度 b 为 5~8mm，长度 L 为 8.0~10.0mm。

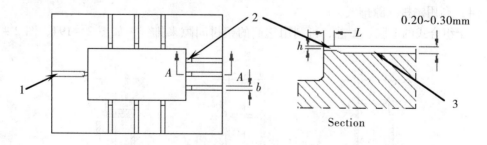

1. 分流道　2. 排气槽　3. 导向沟

图2-191 排气槽的设计

排气槽的深度 h 因树脂不同而异，主要是考虑树脂的黏度及其是否容易分解。原则是，黏度低的树脂，排气槽的深度浅。容易分解的树脂，排气槽的面积大，各种树脂的排气槽深度可参考表2-8。

表2-8　各种树脂的排气槽深度

树脂名称	排气槽深度（mm）	树脂名称	排气槽深度（mm）
PE	0.02	PA（含玻纤）	0.03～0.04
PP	0.02	PA	0.02
PS	0.02	PC（含玻纤）	0.05～0.07
ABS	0.03	PC	0.04
SAN	0.03	PBT（含玻纤）	0.03～0.04
ASA	0.03	PBT	0.02
POM	0.02	PMMA	0.04

（2）利用分型面排气。

对于具有一定粗糙度的分型面，可从分型面将气体排出，如图2-192所示。

（3）利用顶针排气。

塑件中间位置的困气，可加设顶针，利用顶针和型芯之间的配合间隙来排气，如图2-193所示。

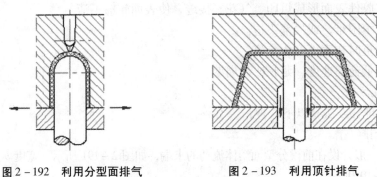

图2-192　利用分型面排气　　　　　图2-193　利用顶针排气

（4）利用镶拼间隙排气。

对于组合式的型腔、型芯，可利用它们的镶拼间隙来排气，如图2-194、图2-195所示。

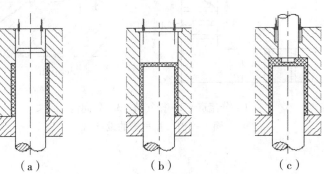

（a）　　　　　　　（b）　　　　　　　（c）

图2-194　利用镶拼间隙排气（1）

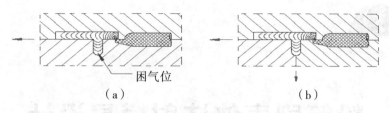

（a）　　　　　　　　　　　　　　　　　　（b）

图 2 – 195　利用镶拼间隙排气（2）

（5）增加走胶米仔。

对于喇叭骨之类的封闭骨位，为了改善困气对流动的影响，可增加走胶米仔，米仔高出骨位 h 值为 0.50mm 左右，如图 2 – 196 所示。

（6）透气钢排气。

透气钢是一种烧结合金，它是用球状颗粒合金烧结而成的材料，强度较差，但质地疏松，允许气体通过。在需排气的部位放置一块这样的合金即达到排气的目的。但底部通气孔的直径 D 不宜太大，以防止型腔压力将透气钢合金块挤压变形，如图 2 – 197 所示。由于透气钢的热传导率低，不能使其过热，否则，易产生分解物堵塞气孔。

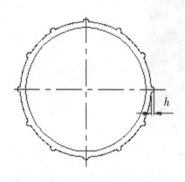

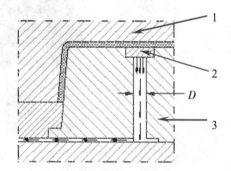

1. 前模　2. 透气钢　3. 型芯

图 2 – 196　增加走胶米仔排气　　　　**图 2 – 197　透气钢排气**

粉笔刷壳体注射模具设计

在模具开发的前期，必须先完成塑件的结构设计。在模具企业中，塑件的结构设计一般由产品开发部门负责，而模具的设计与制造一般由工模部负责。塑件本身的形状结构决定了模具设计难度及制造成本。本模块以如图 3 – 1 所示的粉笔刷壳体（材料为 PP）为例，详细介绍其三维造型、工程图制作、模具装配图设计、分模、拆电极的具体操作步骤和过程。

图 3 – 1　粉笔刷壳体

当前，注射模具生产企业在进行模具结构设计时一般采用以下两种方式：

第一种是应用 Pro/E、Creo 外挂 EMX（其他软件如 UG 等也有类似的模块和功能），采用 3D 方式设计模具结构。这种方式工作效率高，当 3D 模具结构完成后，可方便快捷地输出整套模具或单个模具零件的 2D 工程图；由于采用单一数据库，3D 模具零件上的任何设计变更会自动映射到 2D 工程图中，便于设计变更且不易出错；3D 方式设计还具有直观性强的特点，能较好地避免如顶针撞运水等干涉现象。这种方式对计算机的配置要求相对较高，同时企业要根据自身生产特点建立完善的标准件及常用零件的数据库供设计模具时调用。

第二种是应用 AutoCAD 外挂燕秀工具箱，采用 2D 方式设计模具结构。这是一种比较传统的设计模式，主要通过 2D 三视图来表达模具结构，对计算机的配置要求相对较低。然而，工程图制作、分模、拆电极等工作还是必须依靠 3D 软件才能解决。但对于初学者，2D 模具结构设计方式更能培养其空间想象能力，为日后从事模具设计工作打下坚实基础。

综上所述，3D 方式比 2D 方式更加先进，代表着技术发展的方向。但对于初学者，学习 2D 模具结构设计也很有必要。鉴于此，本模块采用 2D 方式介绍模具装配图设计。

1. 塑件结构分析

根据对粉笔刷壳体实物进行观察分析，塑件整体为长方形薄壳件，实测外形尺寸约为 $99\text{mm} \times 48\text{mm} \times 24\text{mm}$，壁厚大致均匀，约为 2mm，顶面为圆柱面，四周侧壁有一定的拔模斜度，顶面及侧面棱边均有倒圆角，分别为 R5 和 R1，如图 3-2 所示。此外，顶面及两侧面的外表面有细小凹槽，考虑到此部分结构特征会增加模具加工难度，为了简化说明过程，后续建模将忽略此特征。

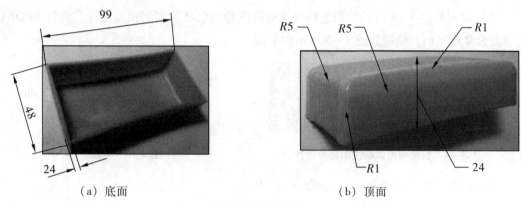

（a）底面　　　　　　　　　　　　　　　（b）顶面

图 3-2　粉笔刷壳体主要外形尺寸

2. 塑件三维造型

通过塑件结构分析，确定粉笔刷壳体三维造型的基本思路分为以下两种：

思路 1，采用实体造型方式，基本步骤大致如下：上下方向拉伸出长方体实体→四周侧面拔模（或侧向拉伸切除减料）→棱边倒圆角 R5→对实体进行抽壳（底面开口）→棱边倒圆角 R1。

思路 2，采用曲面造型方式，基本步骤大致如下：前后方向拉伸曲面→左右方向拉伸曲面→曲面合并→棱边倒圆角 R5→曲面加厚（朝内）→棱边倒圆角 R1。

以下根据粉笔刷壳体的实测尺寸，采用 Creo Parametric 1.0 软件，以思路 2 来重建该塑件的三维模型。具体操作步骤如下：

（1）运行 Creo Parametric 1.0，设置工作目录，创建零件，输入零件名为"fenbishua-keti"（文件后缀为 .prt），选择公制单位，如图 3-3 所示。

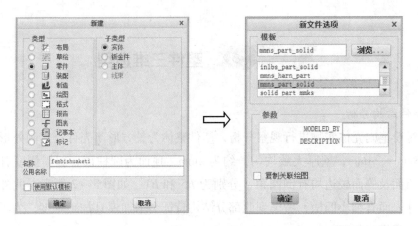

图 3 - 3   新建零件

（2）根据如图 3 - 4 所示的粉笔刷壳体前视图轮廓形状，实测相关尺寸，选择 FRONT 基准面为草绘平面，绘制如图 3 - 5 所示的草图。

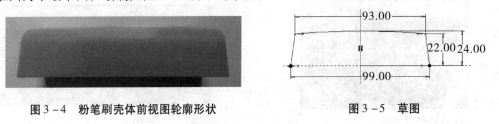

图 3 - 4   粉笔刷壳体前视图轮廓形状　　　　　图 3 - 5   草图

（3）拉伸曲面，宽度 60mm，如图 3 - 6 所示。

图 3 - 6   曲面拉伸

（4）根据如图 3 - 7 所示的粉笔刷壳体侧视图轮廓形状，实测相关尺寸，选择 RIGHT 基准面为草绘平面，绘制如图 3 - 8 所示的草图。

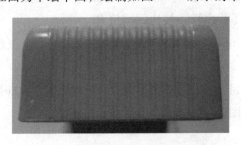

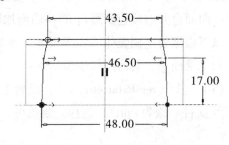

图 3 - 7   粉笔刷壳体侧视图轮廓形状　　　　　图 3 - 8   草图

（5）拉伸曲面，长度为120mm，如图3-9所示。

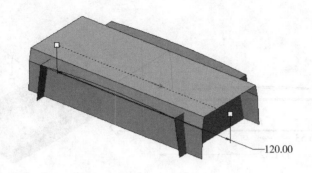

图3-9　曲面拉伸

（6）曲面合并，如图3-10所示。

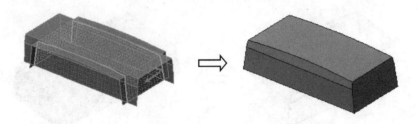

图3-10　曲面合并

（7）选择如图3-11所示的棱边倒圆角 $R5$。

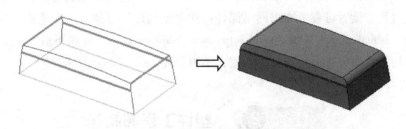

图3-11　倒圆角 $R5$

（8）曲面朝内加厚2mm，此时若仔细观察会发现端面出现不平整的现象，如图3-12所示。

图3-12　曲面加厚

（9）选择 RIGHT 基准面为草绘平面绘制草图，对称拉伸切除材料将端面切平，如图 3 – 13 所示。

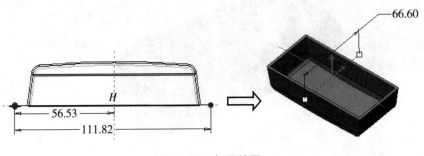

图 3 – 13　切平端面

（10）选择如图 3 – 14 所示棱边倒圆角 $R1$。

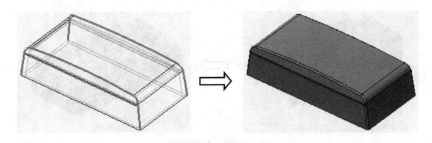

图 3 – 14　倒圆角 $R1$

至此，除了顶面及两侧面外表面的细小凹槽以外，已完成粉笔刷壳体三维重构。对于详细的建模过程，读者可参考本书网络课件：注射模具设计与制造 \ 粉笔刷壳体注射模 \ 3D 图档 \ fenbishuaketi. prt 文件（详见 http：www. jnupress. com "资料下载" 栏，后文提到的网络课件均为此课件，地址亦可见封底，不再赘述）。

任务 ❷　塑件工程图制作

所谓工程图制作，就是应用 Creo 等计算机辅助设计软件，从立体的零件（或组件）导出平面的零件图（可根据需要制作一般视图、向视图、斜视图、剖视图、局部放大视图等视图），是一个从 3D 到 2D 的转换过程。

采用 2D 方式设计模具装配图时，一般采用四个视图，分别为动模视图、定模视图、合模状态下的横向剖视图和纵向剖视图，各视图一般按第三角画法放置，如图 3 – 15 所示。

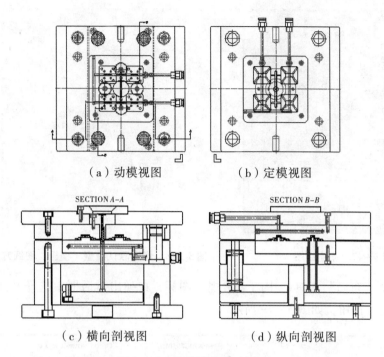

（a）动模视图　　　　　　（b）定模视图

（c）横向剖视图　　　　　　（d）纵向剖视图

图3-15　模具装配图（举例）

　　根据上述模具设计的需要，制作工程图时一般至少需要四个方向的视图，如图3-16所示。其中，俯视图用于定模视图，仰视图用于动模视图，侧视图（需做成剖视图）用于横向剖视图，前视图（需做成剖视图）用于纵向剖视图。俯视图及仰视图分别对应模具的凹模与凸模的形状，使用俯视图及仰视图设计模具时，一般需要将视图做镜像处理之后再使用，但当图形具有对称性时例外。

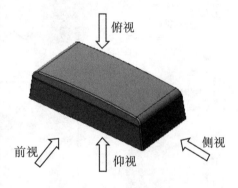

图3-16　视图投影方向

　　下面介绍粉笔刷壳体工程图制作的具体操作步骤。

　　（1）新建绘图（即工程图），输入工程图名称为"fenbishuaketi"（文件后缀为.drw），如图3-17所示。

　　（2）浏览并选择工作目录下的fenbishuaketi.prt文件作为默认模型，其余按图3-18所示进行设置，单击"确定"按钮。

图 3-17 新建绘图

图 3-18 设置默认模型、模板、图纸方向及大小

（3）选择"布局"工具栏中的"常规"图标，在弹出对话框中选择"无组合状态"并单击"确定"按钮，如图 3-19 所示。

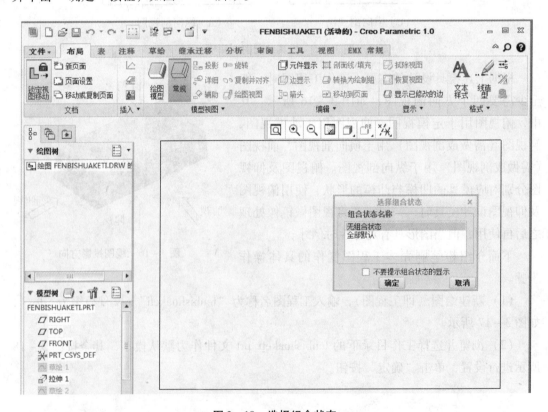

图 3-19 选择组合状态

（4）在绘图区中单击鼠标左键，弹出"绘图视图"对话框，按图 3-20 所示进行设置，单击"确定"按钮。

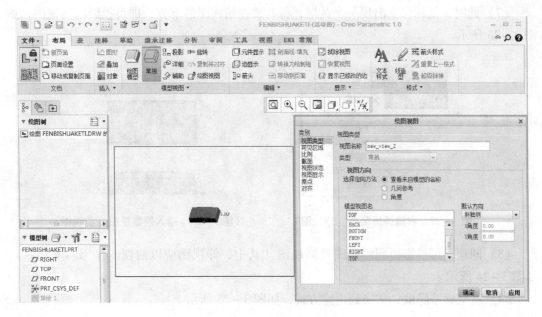

图 3 – 20　设置视图方向

（5）此时即调入如图 3 – 21 所示的俯视图。

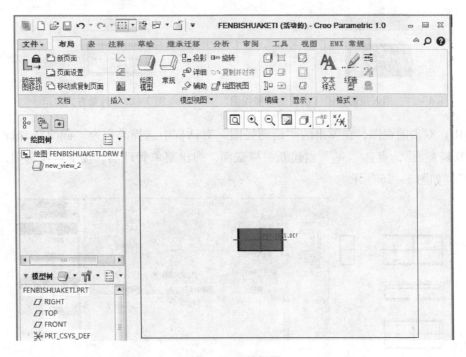

图 3 – 21　俯视图

（6）单击该视图，作为参考视图，在右键弹出菜单中选择"插入投影视图"，如图 3 – 22 所示。

（7）此时，鼠标位置出现一个黄框，将其放在俯视图的下方，即可投影出前视图，如图 3 – 23 所示。

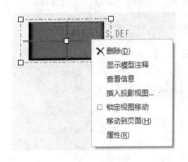

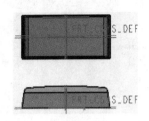

图 3 – 22　右键弹出菜单（俯视图）　　　　图 3 – 23　插入投影视图（前视图）

（8）同理，可投影得到侧视图及仰视图（其中，仰视图应以前视图作为参考视图），如图 3 – 24 所示。

（9）将坐标系隐藏，切换到消隐方式，如图 3 – 25 所示。

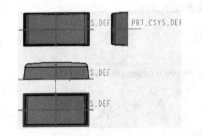

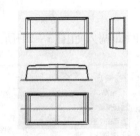

图 3 – 24　插入投影视图（侧视图、仰视图）　　　图 3 – 25　消隐方式显示

（10）双击前视图，在弹出的"绘图视图"对话框中选择类别为"截面"，截面选项为"2D 横截面"，点选" + "创建新的横截面，弹出菜单管理器，接受默认选项，点击"完成"，如图 3 – 26 所示。

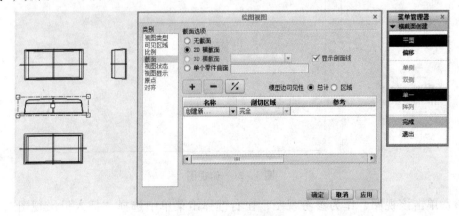

图 3 – 26　添加截面

（11）在弹出的对话框中输入横截面名"A"，并打钩，如图 3 – 27 所示。

（12）此时，弹出如图 3 – 28 所示的"设置平面"菜单。

图 3 – 27　输入横截面名　　　　　　　　　　图 3 – 28　设置平面

（13）单击俯视图中的 FRONT 基准面作为剖切面，如图 3 – 29 所示。

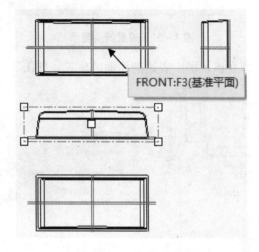

图 3 – 29　设置剖切面

（14）此时，在"绘图视图"对话框中生成名称为"A"的截面，如图 3 – 30 所示。

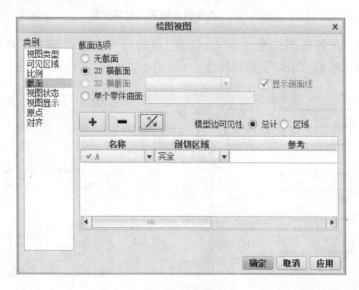

图 3 – 30　产生截面 A

119

（15）拖动下方游标到右侧，单击"箭头显示"选择项，如图3-31所示。

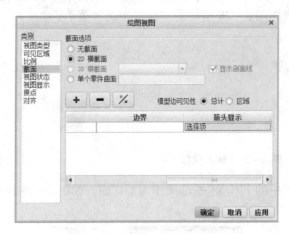

图3-31 设置箭头显示

（16）单击俯视图，即在该视图中表达剖切面的位置，如图3-32所示。

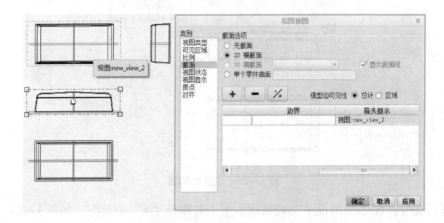

图3-32 选择俯视图表达剖切位置

（17）此时，在俯视图中会出现表示剖切面的符号，同时前视图产生截面，如图3-33所示，最后单击"关闭"结束操作。

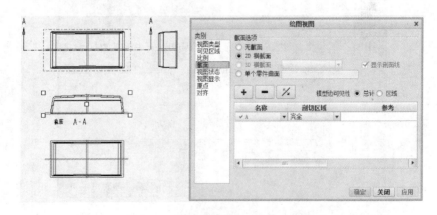

图3-33 将前视图制作成全剖视图

（18）参考上述（10）～（17）的操作，同理可将侧视图制作成全剖视图，如图 3－15 所示，图中基准特征隐藏。

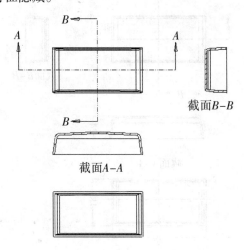

图 3－34　将侧视图制作成全剖视图

（19）至此，工程图制作完毕。留意工程图绘图区左下角的比例是否为 1，如果不为 1，建议双击修改为 1，此时各视图的位置会发生变化，只要松开"锁定视图移动"的按钮，即可调整视图位置。最后，保存工程图（名称为 fenbishuaketi. drw，见本书网络课件：注射模具设计与制造＼粉笔刷壳体注射模＼3D 图档文件夹）并另存为 AutoCAD 的数据格式（fenbishuaketi. dwg，见本书网络课件：注射模具设计与制造＼粉笔刷壳体注射模＼2D 图档文件夹），如图 3－35 所示。

图 3－35　另存为 dwg 数据格式文件

一般情况下，在 Creo 中若没有对工程图配置文件进行重新设置，其单位默认为 inch。在工程图绘图比例设置为 1 的前提下，导出 AutoCAD 的 dwg 文件的图形尺寸与 Creo 零件设计的模型尺寸（单位为 mm）并不一致，这时需要将 AutoCAD 的 dwg 文件的图形进行比例放缩，放大为原来的 25.4 倍（1inch＝25.4mm），这时如图 3－36 所示检查 AutoCAD 工程图中塑件的总体尺寸，应与 Creo 零件设计的模型尺寸一致。

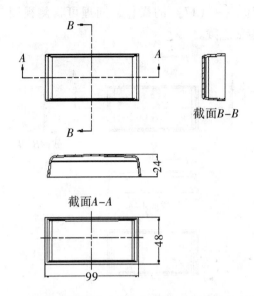

图 3 – 36   AutoCAD 工程图尺寸应与 Creo 零件设计的模型尺寸一致

由于塑料都具有热胀冷缩的物理特性，模具型腔的实际加工尺寸应做得比塑件实物稍大。因此，在进行 2D 模具装配图设计前还需对 AutoCAD 工程图进行比例放缩。本例中，粉笔刷壳体的材料为 PP（聚丙烯），收缩率 S 约为 1.5%，放缩比例系数应为 $1 + S = 1 + 1.5\% = 1.015$，按此比例放大后的塑件 AutoCAD 工程图如图 3 – 37 所示。此时，塑件总体尺寸已经发生改变。

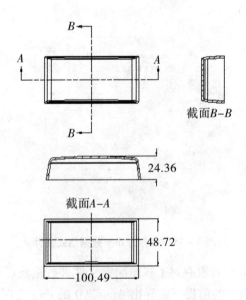

图 3 – 37   乘收缩率后的塑件 AutoCAD 工程图

关于工程图的制作过程，请读者参考本书网络课件：注射模具设计与制造 \ 粉笔刷壳体注射模 \ 视频 \ 工程图 . AVI 文件。

对于结构上不具对称性的塑料，如图 3-38 所示，还须对塑件 AutoCAD 工程图中俯视和仰视（分别对应模具的凹模与凸模的形状）两个视图做镜像处理后方可用于 2D 模具装配图设计。本例中，由于粉笔刷壳体在结构上具有对称性（镜像与不镜像效果一致），因此该两个视图无须做镜像处理，可直接调用。

图 3-38　非对称性塑料及其凸、凹模

任务 ③　模具装配图设计

注射模具的设计要考虑诸多因素，本项目将详细介绍应用 AutoCAD（外挂燕秀工具箱）设计粉笔刷壳体注射模具 2D 装配图的整个流程。

1. 型腔数量

型腔排布，即一模有多少个型腔，或者说，一套模具在一次注塑过程中成型多少个制品。确定模具中型腔排布位置的过程俗称排位。型腔数量会直接影响模具生产制品的能力，也会影响模的制造成本和制造周期。一般而言，型腔的数量主要取决于以下四个因素：

（1）塑料制品本身的形状结构特点。

（2）模具制造成本。

（3）注射机的装模能力。

（4）模塑产能应能满足塑件订单数量及交期。

综合考虑上述因素，本例采用一模四腔进行模具装配图设计。

2. 排位方式

在进行排位时，一般选用如图 3-39 所示的反映凸模形状的视图进行排位。

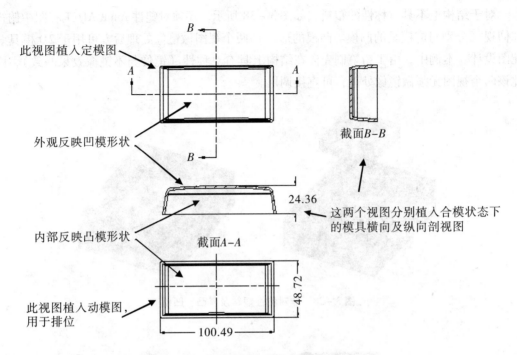

图3-39 塑件各视图与模具各视图的对应关系

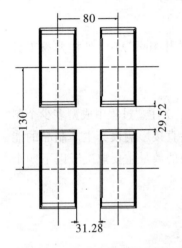

图3-40 确定产品与产品的间距

（1）产品与产品的间距。

型芯和型腔的尺寸由产品尺寸和型腔数决定。一般情况下，小件产品（产品尺寸小于80mm）之间的边距为15～20mm，大件产品之间的边距为20～30mm；产品料位越深，产品之间的边距应越大。本例中，如图3-40所示进行排位，X、Y两个方向上的产品中心距分别取80mm、130mm，控制产品之间的边距为30mm左右。

另外须注意，排位时产品中心到型腔、型芯中心的距离要取整数，型腔、型芯的长、宽尺寸也一定要取整数，并尽可能取10的倍数，以便更好地取数加工。

（2）产品边与型芯、型腔边的间距。

小件产品边与型芯、型腔边的间距为25～30mm，大件产品边与型芯、型腔边的间距为35～50mm。当型芯、型腔要整体作镶件时，产品边到型芯、型腔边的距离可相对加大些，以保证型芯与型腔的强度。本例中，如图3-41所示控制模仁的长度、宽度分别为300mm和200mm，此时产品边与模仁边的间距为35mm左右。

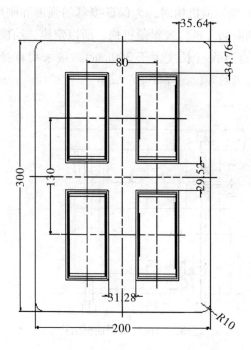

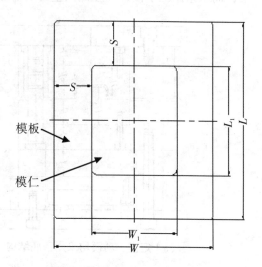

图 3 – 41　确定产品边与型芯、型腔边的间距　　图 3 – 42　模仁与模板的尺寸关系

3. 模架长度、宽度尺寸

模架长、宽尺寸与定模板（或动模板）的长、宽尺寸相同。如图 3 – 42 所示，当模仁（型腔、型芯镶件）的长宽确定后，就可以进一步计算出模板（定模板、动模板）的长宽尺寸。$W = W_1 + 2S$，$L = L_1 + 2S$。模板框槽侧壁厚度 S 一般取 $50 \sim 100$ mm 不等，具体视模架的大小而定。一般先按 $S = 50$ mm 初选标准模架，若调出来的模架规格偏小，再调大一挡进行选择。

本例中，先按 $S = 50$ mm 进行初步估算，模架宽度 $W = W_1 + 2S = 200 + 2 \times 50 = 300$ mm，模架长度 $L = L_1 + 2S = 300 + 2 \times 50 = 400$ mm。

4. 型腔、型芯镶件的装配方式

如图 3 – 43 所示，型腔、型芯镶件在定模板及动模板上的装配方式可分为密底和通框两种结构。这两种不同的结构各有其优缺点。

若采用密底结构，模具的强度和刚度较有保证，模框在铣削加工时容易在侧壁形成锥度，影响与模仁的装配精度，模仁拆卸也不够方便，同时模具材料用料较多，制造成本增大。

若采用通框结构，模具的强度和刚度会下降，但定模板的厚度可大为减薄，可省去尺寸 E 厚度的材料，有利于降低模具成本；模框由于做成通孔，可通过电火花线切割进行加工，使得模仁的装配和拆卸更加方便，电火花线切割之后的材料还能再利用。通过对比图 3 – 43（a）和图 3 – 43（b）可知，定模做通框可以节省材料，但动模做通框并不能节省材料。

一般来说，当模具存在滑块侧向抽芯机构或斜顶机构时，为保证模具的强度和刚度，不宜采用通框结构。本例中，并不存在滑块侧向抽芯机构或斜顶机构，所以定模、动模均采用通框结构。同时考虑到模具的总体尺寸有点大（长度大于300mm），应采用直身模架，而不采用工字模，以降低注塑时所需注射机的吨位，降低生产成本。

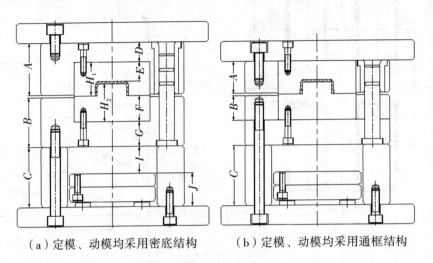

（a）定模、动模均采用密底结构　　　（b）定模、动模均采用通框结构

图3-43　型腔、型芯镶件的装配方式及厚度尺寸

5. 型腔、型芯镶件，定模板，动模板的厚度及方铁高度尺寸

根据经验，对于小件产品，一般产品边到型腔、型芯镶件底面的距离为25～30mm，大件产品边到型腔、型芯镶件底面的距离为35～50mm，如图3-43（a）尺寸E、F所示。此外，图中尺寸D应与尺寸E相当或略小于尺寸E并取5mm的整数倍，尺寸G应等于或略大于尺寸F并取5mm的整数倍。尺寸E、F加上塑料产品自身的高度即为型腔、型芯镶件的厚度H_1、H_2。定模板厚度$A\approx H_1+D$，动模板厚度$B\approx F+G$，定模板及动模板的厚度一般取5mm的整数倍。

本例塑料产品高度为24mm，属中等大小，尺寸E取值35mm，则型腔镶件厚度$H_1\approx$60mm；由于计划定模做通框，定模板厚度$A=60$mm；尺寸F取40mm，则型芯镶件厚度$H_2\approx65$mm；由于计划动模也采用通框结构，此时$B\approx F=40$mm，如图3-43（b）所示。因动模要承受较大的注射成型压力，所以动模板应做厚实些，尺寸G取45mm。

在模具设计时，一般型芯与型腔镶件的厚度至少都要达到20～25mm。即使型腔、型芯产品料位高度为0（产品在型腔、型芯中没有料位），其厚度也要达到20mm。

如图3-43所示，尺寸C为方铁高度，一般需根据塑料产品的顶出距离及顶针板复位弹簧的压缩比来定。顶出距离应比塑料产品高度大5～10mm，本例顶出距离取30mm；尺寸$I\approx$顶出距离＋（30～70）mm，取$I=80$mm左右，I确定后，即可确定方铁高度C，$C=I+J$，其中J值一般在30～40mm。本例属于中等模架，取$J\approx40$mm。因此，$C=80+40=120$mm。

6. 调取模架

按模架宽度 300mm，模架长度 400mm，定模板（A 板）厚度 60mm，动模板（B 板）厚度 40mm，方铁高度 120mm，应用 AutoCAD 外挂燕秀工具箱，如图 3-44 所示调取模架，调出的模架如图 3-45 所示。

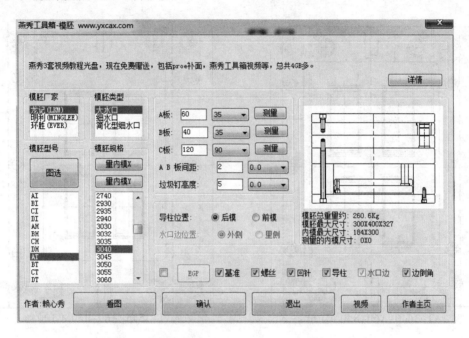

图 3-44　调取模架（AT-3040-A60-B40-C120）

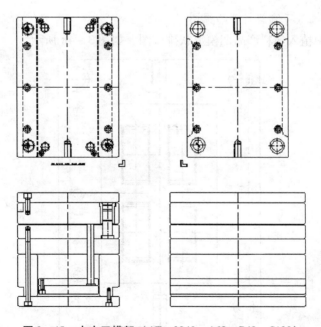

图 3-45　大水口模架（AT-3040-A60-B40-C120）

将之前的塑件凸模排位图植入动模中，如图 3-46 所示。模板框槽侧壁壁厚 S 显得比较单薄，说明初选的模架长宽规格偏小。重新调取长、宽大一挡的模架（AT-3545-A60-B40-C120），并将之前的排位图移入动模中，如图 3-47 所示，该模架的型号规格比较合适。

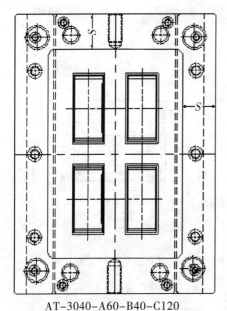

AT-3040-A60-B40-C120

图 3-46　模架规格偏小

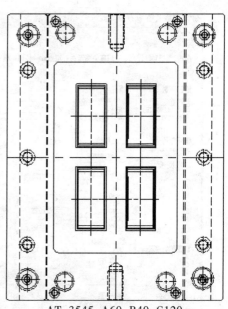

AT-3545-A60-B40-C120

图 3-47　模架规格较合适

7. 在模架中植入其他塑料产品视图

（1）在定模中植入塑料产品凹模形状排位图，如图 3-48 所示。

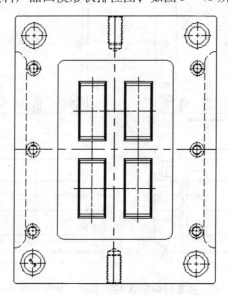

图 3-48　将凹模排位图移入定模

（2）将回针移到纵向合模剖视图进行表达，将两个方向的塑件剖视图分别植入对应的合模剖视图，绘制型腔、型芯镶件，如图 3 - 49 所示。绘图时应注意遵循投影规律，型腔、型芯镶件相关厚度尺寸如图 3 - 50 所示。

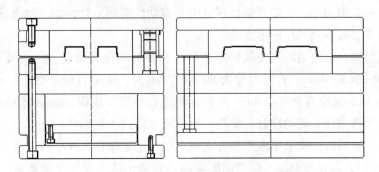

图 3 - 49　移回针，绘制型腔和型芯镶件

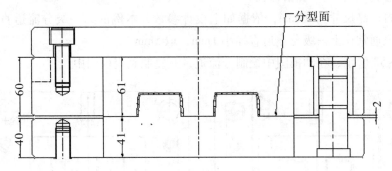

图 3 - 50　凹凸模分型面处在定模板和动模板避空间隙的中间位置

为使凹凸模在分型面良好贴合，必须在定、动模板之间留出避空间隙，避空间隙一般为 1.00mm 或 2.00mm，具体大小应遵照企业要求设定，本例设定为 2.00mm。同时凹凸模分型面位置最好处在定模板和动模板避空间隙的中间位置，如图 3 - 50 所示。但当凹凸模分型面高低不平时，则分型面位置可高于或低于定模板和动模板避空间隙位置，如图 3 - 51 所示。

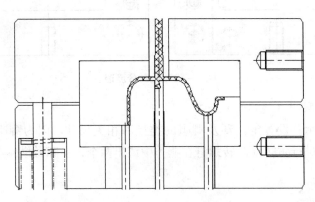

图 3 - 51　凹凸模分型面高于或低于定模板和动模板避空间隙位置

8. 设计浇注系统

（1）分流道。

常用的分流道截面形状有三种：圆形、"U"形、梯形。圆形流道因其比表面积最小，热量不容易散失，阻力小，使塑料熔体在其中的流动性能非常好，加工也方便，所以这种流道运用得最多，故本例选用圆形流道。

绘制流道时要注意流道的大小依据产品尺寸和塑料的种类而定。产品尺寸小于60mm时，流道直径可取3～4mm；产品尺寸为60～150mm时，流道直径可取5～6mm；产品尺寸大于150mm时，流道直径可取8mm左右。流道直径至少应取3mm。流动性差的塑料，流道尺寸应适当选大些；流动性好的塑料，流道尺寸应适当选小些。

冷料井又称冷料穴，位于主流道和分流道末端，用来储存先锋冷料（注射成型时，熔体前端温度较低），防止冷料流入型腔而影响制品质量，从而保证注塑质量。流道的冷料井长度取流道直径的1.5～2倍为宜。

本例塑料产品尺寸为99mm，依据如上设计参数，本例的第一级分流道直径取6mm，下一级分流道通常比上一级分流道直径小1mm，取5mm。

如图3-52所示，在动模图中绘制分流道，并复制到定模图中。

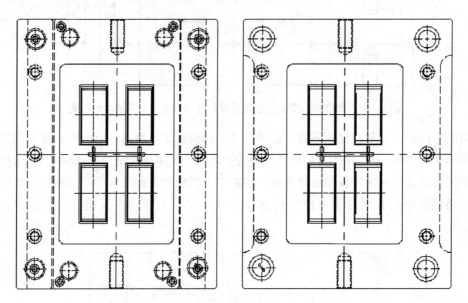

图3-52 绘制分流道

（2）定位环及唧咀（浇口套）。

如图3-53所示，设置定位环及唧咀的类型和相关尺寸。因为唧咀端部需加工分流道，故须采用螺钉进行防转（防转螺钉在燕秀中调出两个，实际做模一个就足够了）。

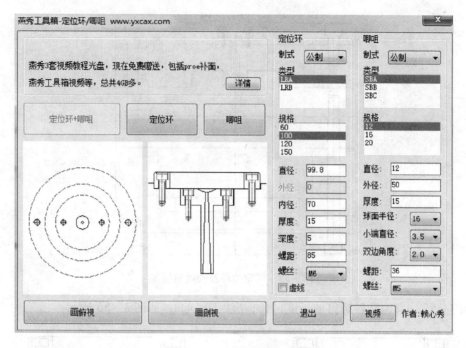

图 3-53　调定位环及唧咀

如图 3-54 所示，在定模图中调入定位环及唧咀的俯视图。

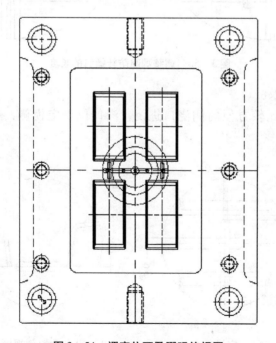

图 3-54　调定位环及唧咀俯视图

如图 3-55 所示，在横向合模视图中调入定位环及唧咀的剖视图。

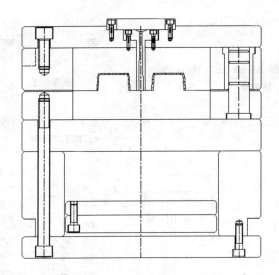

图 3 – 55　调定位环及唧咀剖视图

图 3 – 55 中唧咀防转螺钉的长度过长，应缩短 5mm，如图 3 – 56 所示。

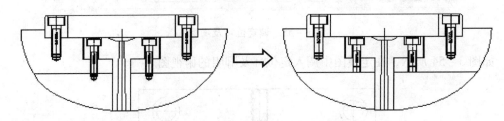

图 3 – 56　调整唧咀防转螺钉的长度

（3）完善分流道及浇口。

本例中采用加工比较方便的侧浇口进浇，浇口位于定模侧，相关尺寸如图 3 – 57 所示。

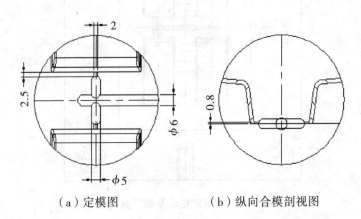

（a）定模图　　　　　　（b）纵向合模剖视图

图 3 – 57　分流道及侧浇口的尺寸

9. 排顶针

如图 3 - 58 所示，利用燕秀工具箱调取 $\phi10$ 顶针。

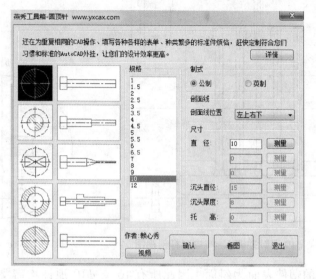

图 3 - 58　调取 $\phi10$ 顶针

如图 3 - 59 所示，在动模图中调入第一支 $\phi10$ 顶针的俯视图，位置调为整数，以方便加工取数，然后进行复制，得到其他同规格的顶针。此外，在模具中心放置一支 $\phi6$ 拉料杆。

调入第一支 $\phi10$ 顶针的剖视图，并对多余线条做打断和修剪，如图 3 - 60 所示。

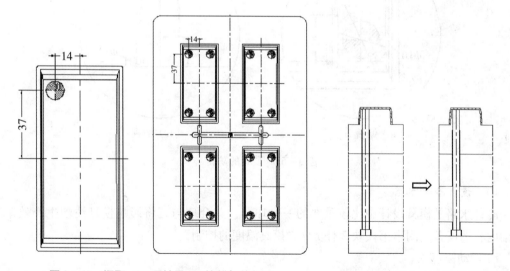

图 3 - 59　调取 $\phi10$ 顶针及 $\phi6$ 拉料杆俯视图　　**图 3 - 60　调入 $\phi10$ 顶针剖视图**

根据投影关系，复制第一支 $\phi10$ 顶针的剖视图，产生其他位置的顶针剖视图；另外在视图中间位置放置一支 $\phi6$ 拉料杆，按相同要求做修剪，补画分流道，如图 3 - 61 所示。

$\phi6$ 拉料杆的 Z 形图如图 3 - 62 所示。

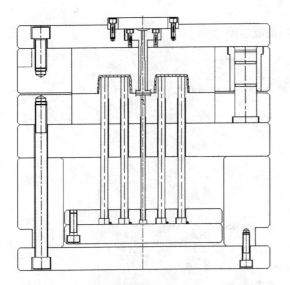

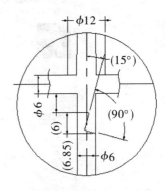

图 3 –61 复制 φ10 顶针并调入 φ6 拉料杆剖视图　　　图 3 –62　φ6 拉料杆 Z 形

由于顶针所顶的塑件表面为斜面，因此所有 16 支 φ10 顶针均需要做轴向防转定位，具体的方法可参阅本书模块 2 任务 5 "脱模机构设计" 的相关内容。此处采用销钉防转，如图 3 –63 所示。绘制好一处之后，对其他位置进行复制操作。

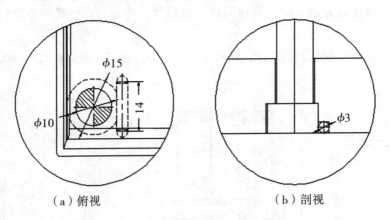

（a）俯视　　　　　　　　　　　　　　（b）剖视

图 3 –63　顶针的防转

10. 设计冷却水路

冷却水路是模具设计中比较重要的一个环节，其合理与否将影响模具注塑生产效率，详细内容请读者参阅本书模块 2 任务 7 "模具温度的控制"。

（1）动模运水。

粉笔刷壳体塑件高度中等，约为 24mm，为了使凸模取得较好的冷却效果，采用水缸隔片运水，如图 3 –64 所示，水缸直径 14mm，水路直径 8mm，隔片厚度 2mm。由于动模有顶针，设计动模运水时必须注意避开顶针，运水孔边与顶针孔边至少留 4mm 的安全距离。

如图 3 - 65 所示，调取密封圈（胶圈）。

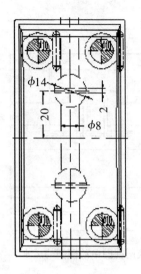

图 3 - 64　水缸隔片运水

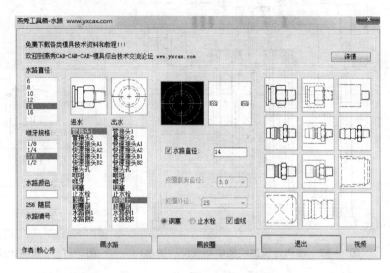

图 3 - 65　调取密封圈（胶圈）

同时，在动模运水进出口端加接头，如图 3 - 66 所示。

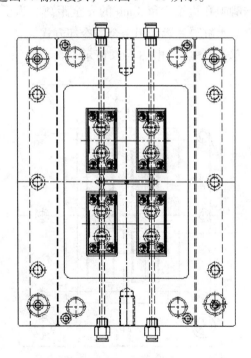

图 3 - 66　动模运水

在两个合模剖视图中表达出动模的运水，如图 3 - 67、图 3 - 68 所示。

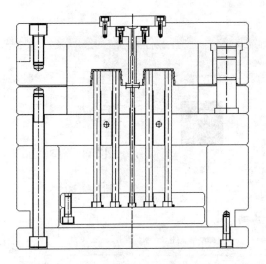 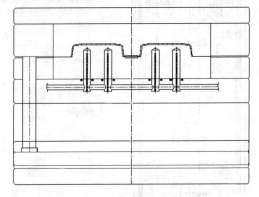

图 3 – 67　横向合模剖视图中动模侧的运水　　　　图 3 – 68　纵向合模剖视图中动模侧的运水

（2）定模运水。

相对于动模，定模运水的设计通常较容易，由于定模有唧咀，设计定模运水时必须注意避开唧咀，运水孔边与唧咀孔边至少留 4mm 的安全距离。为了使定模取得更好的冷却效果，本例采用普通运水与水缸隔片运水相结合的冷却方式。

初定水路中心位置，尽量取整，如图 3 – 69 所示。

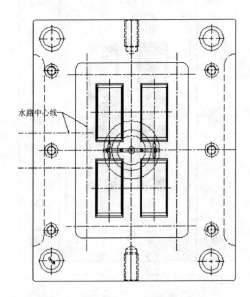

水路中心线

图 3 – 69　定模水路中心线

利用燕秀工具箱—水路功能，如图 3 – 70 所示设置画直径 8mm 的水路。

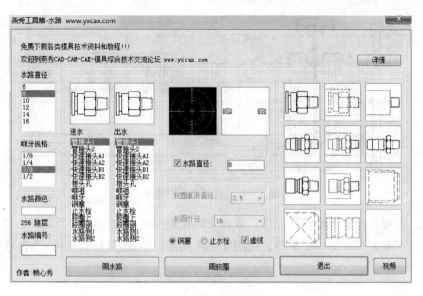

图 3 – 70　画水路

画出的水路如图 3 – 71 所示。

在上述基础上增加直径为 14mm 的水缸隔片运水，如图 3 – 72 所示。

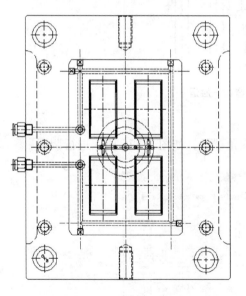

图 3 – 71　定模运水（1）

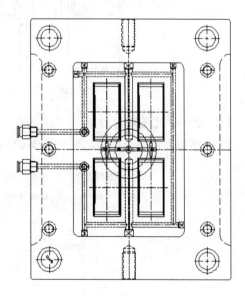

图 3 – 72　定模运水（2）

在两个合模剖视图中，表达出定模运水，如图 3 – 73 所示。

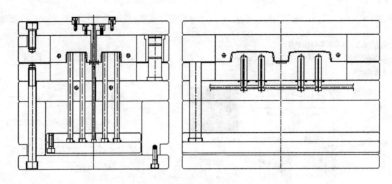

图 3 - 73　合模剖视图运水

至此，定模、动模运水设计完毕。若在实际注塑生产中冷却时间仍偏长，可以考虑在定模侧型腔正上方再增加一层水路，如图 3 - 74 所示，请读者自行设计，不再详述。

可考虑增加的运水

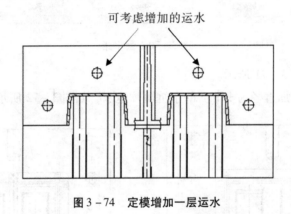

图 3 - 74　定模增加一层运水

11. 进一步完善设计细节

（1）增加固定型腔、型芯镶件的 M10 内六角螺丝，如图 3 - 75 所示进行调用。

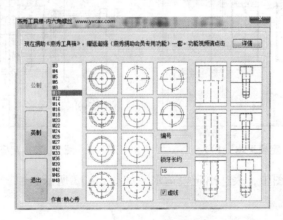

图 3 - 75　调用 M10 内六角螺丝

（2）增加回针复位弹簧（规格为 $50\mathrm{mm} \times 27.5\mathrm{mm} \times 125\mathrm{mm}$），如图 3 – 76 所示进行调用。

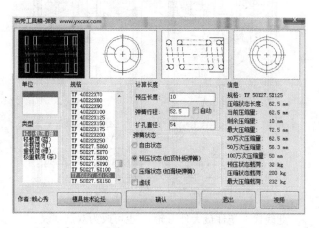

图 3 – 76　调用弹簧

（3）在回针对应位置放置 4 个垃圾钉（规格为 $16\mathrm{mm} \times 8\mathrm{mm}$），如图 3 – 77 所示进行调用。

（4）在动模中心绘制 1 个 40mm 的顶棍孔。

（5）在动模纵轴线上对称放置两个 60mm 的支撑柱（俗称撑头），如图 3 – 78 所示进行调用。

图 3 –77　调用垃圾钉

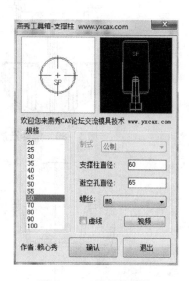

图 3 –78　调用支撑柱

（6）在动模图分别表达出两个合模剖视图的剖切路线。

（7）修正动模图中的线条，如图 3 – 79 所示。

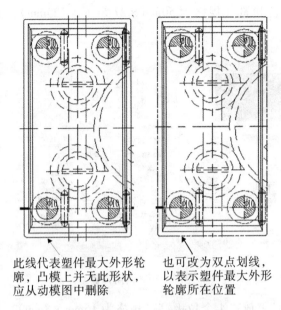

此线代表塑件最大外形轮
廓，凸模上并无此形状，
应从动模图中删除

也可改为双点划线，
以表示塑件最大外形
轮廓所在位置

图 3 - 79　对动模图中塑件最大外形轮廓线的处理

（8）将合模剖视图中的塑件及浇注系统打上非金属剖面线（网格式），如图 3 - 80、图 3 - 81 所示。

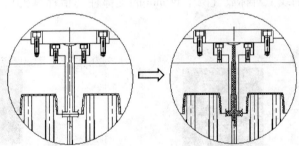

图 3 - 80　塑件及浇注系统打上非金属剖面线（1）

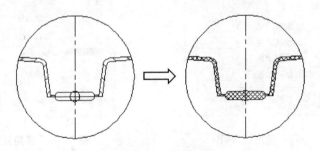

图 3 - 81　塑件及浇注系统打上非金属剖面线（2）

至此，本套粉笔刷壳体注射模具的 2D 装配图已基本设计完成，如图 3 - 82、图 3 - 83 所示。详见本书网络课件：注射模具设计与制造 \ 粉笔刷壳体注射模 \ 2D 图档 \ asm. dwg 文件。

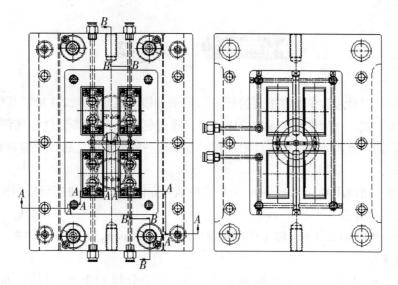

图 3 - 82　动模及定模视图

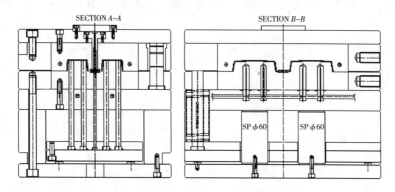

图 3 - 83　横向及纵向合模剖视图

在设计 2D 模具装配图时还应注意以下四点：

（1）由于注射模具结构的复杂性，在模具企业习惯上不对模具装配图中的剖视图打剖面线，但模具零件图的剖视图则一般要打剖面线。

（2）绘制模具装配图中的剖视图前，应对剖切路线提前做好规划并了然于胸，只有这样，才能清晰、有条理地绘制装配图中的剖视图。

（3）由于注射模具零件个数较多，绘制模具装配图中的剖视图时，未必百分之百严格按照"剖切中的零件才画剖视图"，有时为了表达某些比较重要的结构，即使不是剖切中的零件，也照样用剖视图进行表达。

（4）设计 2D 模具装配图时，要有大局观念，抓住重点和关键结构进行表达，一些对模具结构无关紧要的细节可忽略。因为模具设计的数据除了 2D 数据，还有 3D 数据，2D 表达不清楚或不方便表达的地方，可查阅 3D 数据。

任务 ④ 分 模

分模是模具设计过程中非常重要的环节。所谓分模，就是根据 2D 模具装配图中型腔的数量及排布方式，利用塑料制品的 3D 模型，通过创建分型面将工件分成凹模和凸模、滑块、斜顶、镶件等若干个成型零件的过程。有了这些成型零件之后，才能进行下一步的数控编程。

以下简要介绍应用 Creo Parametric 1.0 对粉笔刷壳体注射模具进行分模的操作过程。

1. 设置工作目录

运行 Creo Parametric 1.0，将工作目录设置到 fenbishuaketi. prt 所在文件夹。

2. 创建坐标系

打开 fenbishuaketi. prt，检查是否有合适的用于分模时装配用的坐标系；如图 3-84（a）所示，原坐标系方位不合适，须另建新的坐标，如图 3-84（b）所示。

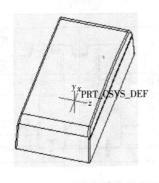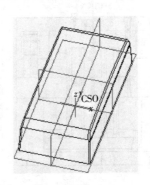

（a）不合适（z 轴方向不朝上）　　（b）合适（z 轴方向朝上）

图 3-84　创建坐标系

3. 新建分模文件

新建分模 mfg0001. asm 文件，如图 3-85 所示。

图 3-85　新建分模文件，选公制单位

4. 定位参考模型

（1）在模具工具栏中选择"参考模型→定位参考模型"，打开工作目录下的 fenbishua-keti. prt 文件，如图 3-86 所示。

图 3-86　打开原始设计模型

（2）按默认设置创建参考模型，如图 3-87 所示。

图 3-87　创建参考模型

（3）在"参考模型起点与定向"中，选择原始设计模型中新建的坐标系 CS0，其他参数如图 3-88 所示进行设置，其中"增量"设置的数值与本模块任务 3"模具装配图设计"一致（见图 3-40）。

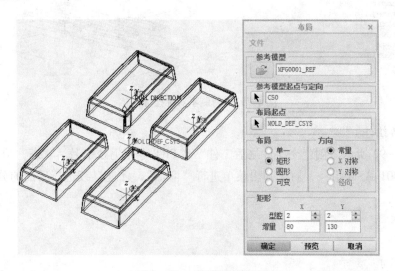

图 3-88　参考模型布局

5. 创建工件

（1）在模具工具栏中，选择"工件→创建工件"，如图3-89所示进行设置。

（2）通过拉伸实体创建工件，选择"MAIN PARTING PLN"基准面为草绘平面，绘制如图3-90所示矩形，数值与本模块任务3"模具装配图设计"一致（见图3-41）。

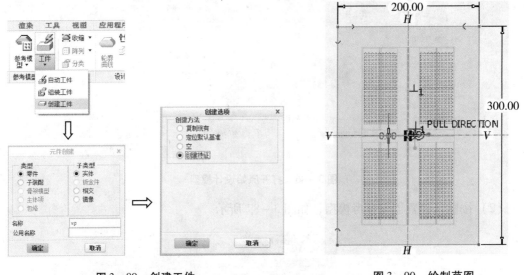

图3-89　创建工件　　　　　　　　　　　　　图3-90　绘制草图

（3）如图3-91所示，通过往两侧不对称拉伸实体来创建工件，数值与本模块任务3"模具装配图设计"一致（见图3-50）。

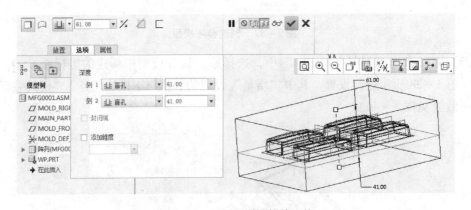

图3-91　两侧不对称拉伸实体

6. 激活组件

如图3-92所示，创建完工件之后工件WP.PRT零件仍处于激活状态，须在模型树中点选MFG0001.ASM组件，右键弹出菜单进行"激活"，才能继续进行后面的分模操作。

图 3-92 激活组件

7. 乘收缩率

（1）在模具工具栏中，选择"收缩"，选择"按比例收缩"。

（2）选取任意一个参考模型，如图 3-93 所示设置比例收缩参数。

（3）完成后模型树中显示参考模型已乘收缩率，如图 3-94 所示。

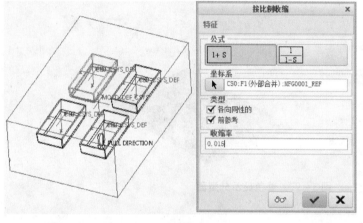

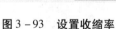

图 3-93 设置收缩率　　　　　　　　　　　　　图 3-94 模型树

8. 创建分型面

（1）在模具工具栏中，选择"分型面"，选择"拉伸"方式创建分型面。

（2）如图 3-95 所示，选择工件右侧面作为草绘平面，绘制草图。

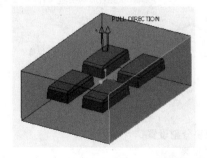
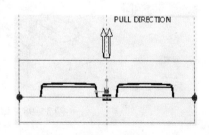

图 3-95 选择草绘平面并绘制草图

（3）如图 3 - 96 所示，选择工件左侧面作为拉伸曲面的终止面。

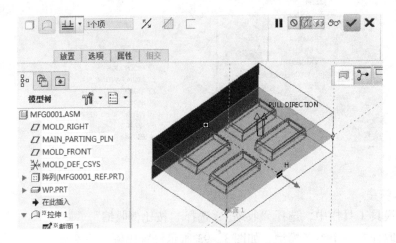

图 3 - 96　选择拉伸曲面的终止面

（4）如图 3 - 97 所示，点击"着色"显示按钮，可见创建的分型面为平面。

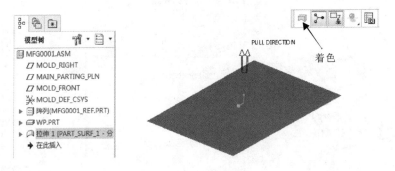

图 3 - 97　着色显示分型面

9. 体积块分割（分模）

（1）在模具工具栏中，选择"模具体积块→分割体积块"。

（2）如图 3 - 98 所示进行设置并选择上一步创建的分型面作为分割曲面。

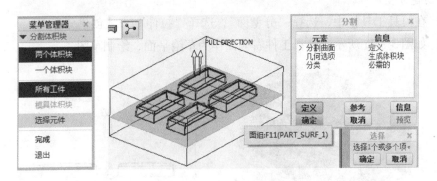

图 3 - 98　体积块分割设置

（3）如图 3 – 99 所示，勾选"岛 2"作为需要识别的体积块（形成凹模），其他岛为不合理体积块，切勿多选。

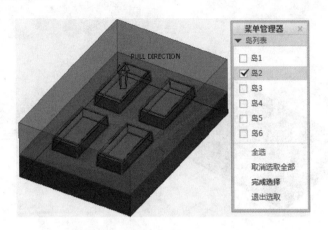

图 3 – 99　识别所需要的岛（体积块）

（4）如图 3 – 100 所示，输入凹模体积块名称为"cav"。

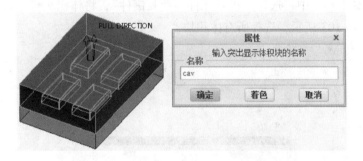

图 3 – 100　命名凹模体积块

（5）如图 3 – 101 所示，输入凸模体积块名称为"cor"。

图 3 – 101　命名凸模体积块

（6）可通过"着色"查看体积块的形状，如图 3 – 102 所示为凹模体积块着色效果。

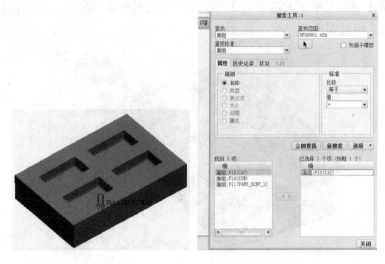

图 3 - 102   着色显示凹模体积块

10. 创建模具元件

（1）在模具工具栏中，选择"模具元件→型腔镶件"，将体积块转变为实体元件。

（2）如图 3 - 103 所示，选择所有体积块。

图 3 - 103   选择用于创建模具元件的体积块

（3）确定后，模型树中增加了 CAV. PRT 和 COR. PRT 零件，如图 3 - 104 所示。

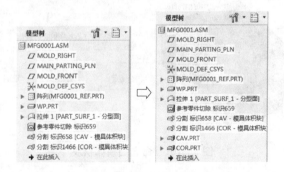

图 3 - 104   创建模具元件后模型树的变化

11. 定义开模动作

（1）如图 3 - 105 所示，将参考模型、元件及分型面隐藏。

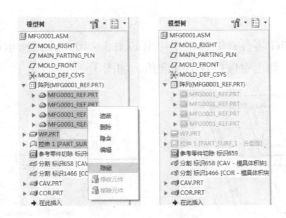

图 3 - 105　隐藏图素

（2）在模具工具栏中，选择"模具开模"，定义开模动作。

（3）如图 3 - 106 所示，定义开模动作。

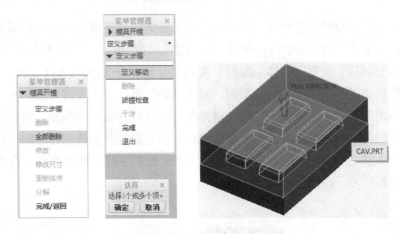

图 3 - 106　定义开模动作

（4）如图 3 - 107 所示，指定开模方向和距离。

（5）开模效果如图 3 - 108 所示。

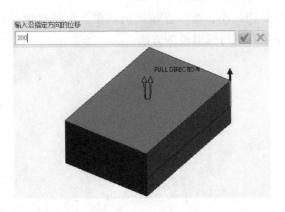

图 3 - 107　指定开模方向和距离

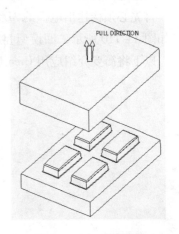

图 3 - 108　开模效果

12. 切出基准角

激活凸模 COR. PRT 零件，通过拉伸切出如图 3 - 109（a）所示基准角；同理，激活凹模 CAV. PRT 零件，切出对应位置的基准角，如图 3 - 109（b）所示。

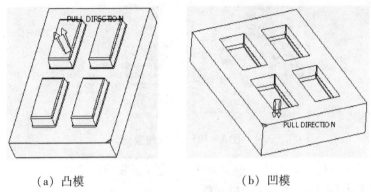

（a）凸模　　　　　　　　　　（b）凹模

图 3 - 109　切出基准角

至此，本套模具分模操作结束。分模结果请参考本书网络课件：注射模具设计与制造 \ 粉笔刷壳体注射模 \ 3D 图档 \ mfg0001. asm 文件。详细操作流程请参考本书网络课件：注射模具设计与制造 \ 粉笔刷壳体注射模 \ 视频 \ 分模（方法一）. AVI 文件。

分模操作的关键在于合理建构分型面。对于复杂的模具，一般需要复制参考模型上与模具型腔接触的表面。若参考模型上存在碰穿位，则建构分型面时往往需要补碰穿面。本例分模属于比较简单的情况，本书网络课件"注射模具设计与制造 \ 粉笔刷壳体注射模 \ 视频 \ 分模（方法二）. AVI 文件"介绍了第二种比较常用的一模多腔的分模方法，请读者对照视频自行练习，在此不再详述。

任务 ⑤　拆电极

电极是电火花成型所使用的工具，电极本身通常采用数控铣进行加工。在进行数控编程前，首先必须构建出电极的 3D 模型，此构建过程又称为拆电极。

如图 3 - 110 所示，凹模型腔底部圆角半径较小，难以直接铣削成型，可通过电火花成型。以下将简要介绍应用 Creo Parametric 1. 0 进行拆电极的方法。

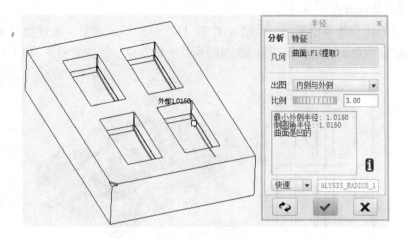

图3-110 分析凹模圆角半径

1. 准备工作

（1）运行Creo 1.0，并将工作目录指定到凸模CAV.PRT模型（见本书网络课件：注射模具设计与制造\粉笔刷壳体注射模\EDM\CAV.PRT）所在文件夹。

（2）新建组件，选择公制单位。

（3）调入凸模CAV.PRT模型，以默认方式装配。

（4）在组件中创建电极零件，命名为t1.PRT。

（5）通过偏移创建一个距离分型面不小于5mm的基准面，名为DTM1，如图3-111所示。

图3-111 创建基准面

2. 复制曲面

如图3-112所示，选择凹模上需放电的型面，复制并粘贴。

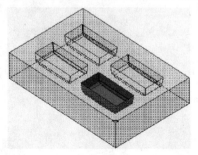

图3-112 复制需放电的型面

3. 构建电极碰数台阶

（1）以 DTM1 作为草绘平面，绘制如图 3 – 113（a）所示草图，通过拉伸实体在放电位置上方创建碰数台阶，倒台阶圆角 R5 与凹模基准角方位一致，如图 3 – 113（b）所示。

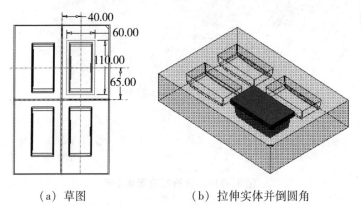

（a）草图　　　　　　　　　　　（b）拉伸实体并倒圆角

图 3 – 113　创建碰数台阶

（2）结束在组件中创建电极零件的操作，保存文件。

4. 在零件设计窗口中完善电极

（1）打开工作目录下的电极零件 t1. prt 模型，选取如图 3 – 114 所示的曲面边界，通过曲面延伸形成封闭曲面组，如图 3 – 115 所示。

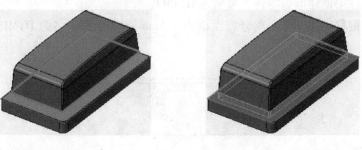

图 3 – 114　选取曲面边界　　　　　　　**图 3 – 115　延伸曲面**

（2）选取延伸后的曲面，通过实体化将封闭曲面组转变为实体，结果如图 3 – 116 所示。

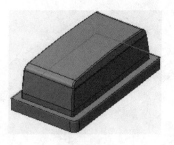

图 3 – 116　曲面实体化

　　至此，电极构建完毕，结果文件见本书网络课件：注射模具设计与制造 \ 粉笔刷壳体注射模 \ EDM \ cav_ edm. asm 文件。详细操作流程请参考本书网络课件：注射模具设计与制造 \ 粉笔刷壳体注射模 \ 视频 \ 拆电极（方法一）. AVI 文件。此外，还可通过布林运算的方式构建电极，具体操作方法见本书网络课件：注射模具设计与制造 \ 粉笔刷壳体注射模 \ 视频 \ 拆电极（方法二）. AVI 文件，在此不再详述，请读者观看视频自行练习。有关电极的碰数、编程方法等请读者参考本书模块 4 任务 3 "凸模的加工" 的相关内容。

大象手机支架注射模具制造

在注射模具的制造过程中涉及多种加工技术和手段，主要使用的设备包括数控铣床、普通铣床、电火花成型机床、电火花线切割床、平面磨床、深孔钻等。在模具制作的后期阶段，当模具零件的机械加工、电火花加工均完成以后，还需要依靠一些人工的方法对模具进行修配（Fit 模）、抛光（省模）。对于模具初学者，入门阶段适宜制作结构简单的小模具。如图 4－1 所示为一套废旧二板注射模，通过实测得到模架规格型号为 CI－1518－A50－B50－C60。本模块将简要介绍如何重复利用此废旧模架制作如图 4－2 所示的大象手机支架（见本书网络课件：注射模具设计与制造 \ 大象手机支架注射模 \ 3D 图档 \ elephant. prt）所对应的注射模具的工艺流程。

图 4－1　废旧模具

（a）正面

（b）反面

图 4－2　大象手机支架

任务 ① 大象手机支架注射模具装配图的设计

1. 绘制模具装配图

在制作大象手机支架注射模具前，先利用前文所介绍的模具设计知识，设计好模具装配图，如图4-3所示。此处采用了第三角画法，图中无设计冷却水道、垃圾钉及撑头。（该模具装配图的电子图档见本书网络课件：注射模具设计与制造＼大象手机支架注射模＼2D图档＼asm. dwg）

因为采用了旧模架，在后续的模具制作中，需要加工的零件主要包括凹模、凸模、浇口套、顶针固定板及顶针（含Z形拉料杆）。在教学过程中，为了充分利用废旧模架，使其具有更高的通用性，以适应不同模具的顶针布置，特在动模板中间铣一方孔，如图4-3所示。

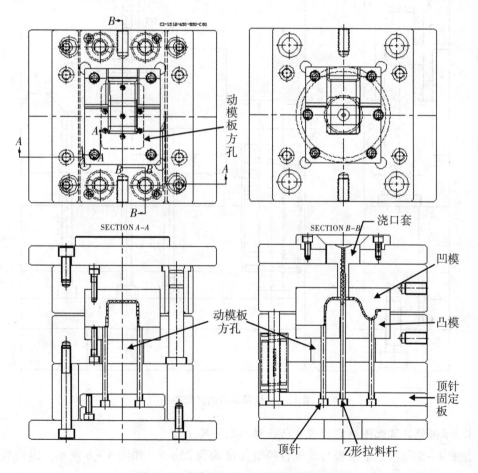

图4-3 大象手机支架注射模具装配图

2. 相关模具零件的装配关系

模具中凡是需要配合的零件，制造精度要求较高，加工过程中应严格控制尺寸公差及形位公差。如图 4-4 所示，注射模具零件公差配合的选用大致可归纳为以下三种情况：

（1）滑动部位：顶针与凸模、回针与动模板之间一般采用间隙配合 $H8/f8$，导柱与导套之间一般采用间隙配合 $H7/h6$。

（2）固定部位：导柱与动模板、导套与定模板一般采用过渡配合 $H7/k6$。

（3）要求既容易安装又方便拆卸的部位：凹模与定模板、凸模与动模板、浇口套与凹模之间一般采用过渡配合 $H7/m6$（实际加工时倾向于间隙配合，并要根据模框的实际尺寸配作模仁）。

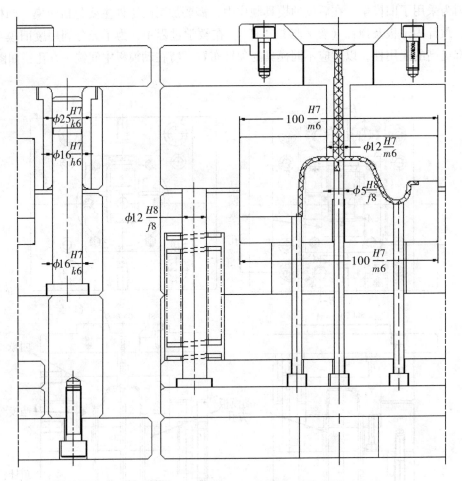

图 4-4　模具零件的装配关系

3. 根据模具装配图确定凹模和凸模模仁毛坯尺寸

如图 4-5 所示，定模板与动模板模框深度均为 25mm。如图 4-6 所示，定模板与动模板之间必须留出一定的避空间隙，以确保凹模和凸模在分型面处闭合。避空间隙一般为 1~5mm。在图 4-6 中，凹模厚度设计尺寸为 39mm，凸模厚度设计尺寸为 39.94mm。但在制作模具时，模仁厚度的实际尺寸可能与设计尺寸存在偏差，此偏差会对顶针及浇口套的长度产生影响。

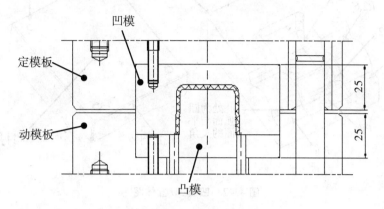

图 4 - 5　模框深度

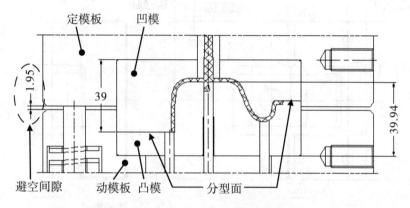

图 4 - 6　避空间隙及模仁厚度

综上所述，确定凹模、凸模模仁毛坯尺寸均为 103 mm × 83 mm × 45 mm。（注：模具板材的厚度一般为 5 mm 的整数倍。）

任务 ② 凹模的加工

一、加工工艺分析

如图 4 - 7 所示为凹模 3D 立体图（见本书网络课件：注射模具设计与制造 \ 大象手机支架注射模 \ 3D 图档 \ cav. prt），如图 4 - 8 所示为凹模 2D 零件图（见本书网络课件：注射模具设计与制造 \ 大象手机支架注射模 \ 2D 图档 \ cav. dwg）。

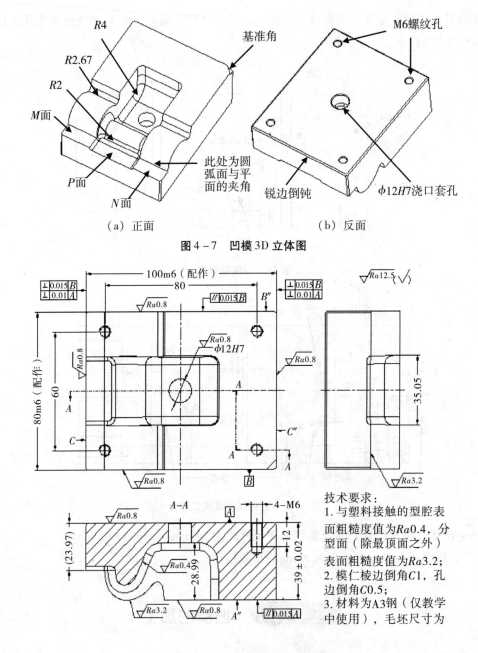

图 4 - 7　凹模 3D 立体图

图 4 - 8　凹模 2D 零件图

技术要求：
1. 与塑料接触的型腔表面粗糙度值为 $Ra0.4$，分型面（除最顶面之外）表面粗糙度值为 $Ra3.2$；
2. 模仁棱边倒角 $C1$，孔边倒角 $C0.5$；
3. 材料为 A3 钢（仅教学中使用），毛坯尺寸为

　　从图 4 - 8 可知，凹模分型面由平面和曲面构成，且存在尖夹角。型腔最宽处约为 35mm，最深处约为 29mm，侧面有一定的拔模斜度。分型面及型腔的最小圆角半径为 $R2$，底部螺纹孔为 M6，浇口套孔为 $\phi12H7$。模仁顶面与底面、相对两个侧面有平行度要求，模仁相邻两个侧面之间、所有侧面与底面之间有垂直度要求。模仁六个平面、浇口套孔及型腔（胶位）等表面粗糙度要求相对较高，分别为 $Ra0.8$ 和 $Ra0.4$。分型面右上角的缺口称为基准角，作为识别记号，可防止模仁装错、装反。模仁及孔口锐边倒钝，有利于模具

零件的装配，同时防止碰伤手。毛坯尺寸为 103mm×83mm×45mm，材料为 A3 钢（仅在教学中采用）。

为了便于说明，在图 4-7 中，分型面左侧三处平面分别以 M 面、N 面和 P 面表示。此外，在图 4-8 中对模仁六个平面也进行了标识，底面为 A 面，顶面为 A″ 面，四个侧面分别为 B 面、B″ 面、C 面、C″ 面。

二、制订加工工艺方案

根据图纸要求，制订凹模加工工艺方案，主要包含以下三大环节：

（1）铣、磨模仁六个面，与定模板模框配作，保证尺寸精度和形位公差要求。

（2）铣正面，数铣加工型腔及分型面。

（3）反面加工浇口套孔及螺纹孔。

详细的加工工艺方案见表 4-1。

表 4-1　凹模机械加工工艺过程卡片

广州市轻工高级技工学校		机械加工工艺过程卡片			共 3 页		
					第 1 页		
零件名称	凹模	材料	A3 钢	毛坯尺寸	103mm×83mm×45mm		
车间名称	工序号	工序名称		设备	切削工具	夹具	量（检）具
数铣车间	10	以 B 面作为定位面粗铣 B″ 面		数控铣	面铣刀或 φ12 平刀	机用平口钳	游标卡尺
	20	以 B″ 面为定位面粗铣 B 面，控制宽度尺寸 80m6 至 80.4		数控铣	面铣刀或 φ12 平刀	机用平口钳	游标卡尺
	30	以 A 面作为定位面，粗铣 A″ 面		数控铣	面铣刀或 φ12 平刀	机用平口钳	游标卡尺
	40	以 A″ 面为定位面粗铣 A 面，控制厚度尺寸 39 至 39.4		数控铣	面铣刀或 φ12 平刀	机用平口钳	游标卡尺
	50	以 C 面作为定位面粗铣 C″ 面（夹紧前须用百分表检测 B 或 B″ 面，使之处于铅垂状态）		数控铣	面铣刀或 φ12 平刀	机用平口钳	游标卡尺、百分表
	60	以 C″ 面为定位面粗铣 C 面，控制长度尺寸 100m6 至 100.4		数控铣	面铣刀或 φ12 平刀	机用平口钳	游标卡尺

（续上表）

广州市轻工高级技工学校		机械加工工艺过程卡片			共 3 页	
					第 2 页	
零件名称	凹模	材料	A3 钢	毛坯尺寸	103mm×83mm×45mm	
车间名称	工序号	工序名称	设备	切削工具	夹具	量（检）具
磨削车间	70	以 A 面作为定位面，精磨 A″面	平面磨床	白刚玉砂轮	电磁吸盘、挡块	外径千分尺
	80	以 A″面为定位面精磨 A 面，控制厚度尺寸为 39±0.02	平面磨床	白刚玉砂轮	电磁吸盘、挡块	外径千分尺
	90	以精密平口钳夹紧 A 面和 A″面，精磨 B 面	平面磨床	白刚玉砂轮	电磁吸盘、挡块	外径千分尺
	100	以精密平口钳夹紧 A 面和 A″面，精磨 B″面，控制宽度尺寸 80m6（与定模板模框配作）	平面磨床	白刚玉砂轮	电磁吸盘、精密平口钳	外径千分尺、内径千分尺、定模板
	110	紧接上一道工序，使精密平口钳绕丝杠轴线翻转 90°，精磨 C 面（此时 C″面应完全位于钳口内）	平面磨床	白刚玉砂轮	电磁吸盘、精密平口钳	外径千分尺、内径千分尺
	120	紧接上一道工序，使精密平口钳翻转 180°，精磨 C″面（此时 C 面应完全位于钳口内），控制宽度尺寸 100m6（与定模板模框配作）	平面磨床	白刚玉砂轮	电磁吸盘、精密平口钳	外径千分尺、内径千分尺、定模板
数铣车间	130	以下为凹模正面的加工： （1）型腔及分型面整体开粗	数控铣	$\phi10$ 平刀	机用平口钳	游标卡尺、百分表、分中棒
		（2）型腔及分型面残料加工	数控铣	$\phi6$ 平刀	机用平口钳	游标卡尺
		（3）分型面圆弧凹陷位残料加工	数控铣	$\phi6$ 球刀	机用平口钳	游标卡尺
		（4）型腔及分型面等高半精加工	数控铣	$\phi6$ 球刀	机用平口钳	游标卡尺
		（5）型腔底部半精加工	数控铣	$\phi6$ 球刀	机用平口钳	游标卡尺
		（6）型腔及分型面等高精加工	数控铣	$\phi6$ 球刀	机用平口钳	游标卡尺
		（7）型腔底部精加工	数控铣	$\phi6$ 球刀	机用平口钳	游标卡尺
		（8）分型面圆弧面半精加工	数控铣	$\phi4$ 球刀	机用平口钳	游标卡尺
		（9）分型面圆弧面精加工	数控铣	$\phi4$ 球刀	机用平口钳	游标卡尺
		（10）分型面平面 P 的精加工	数控铣	$\phi4$ 球刀	机用平口钳	游标卡尺
		（11）分型面平面 P 相邻圆角（R2）的精加工	数控铣	$\phi4$ 球刀	机用平口钳	游标卡尺

（续上表）

广州市轻工高级技工学校			机械加工工艺过程卡片				共 3 页
							第 3 页
零件名称	凹模	材料	A3 钢	毛坯尺寸			103mm×83mm×45mm
车间名称	工序号	工序名称		设备	切削工具	夹具	量（检）具
数铣车间	130	（12）分型面圆弧面与平面 M、N 夹角位清根		数控铣	φ6 平刀	机用平口钳	游标卡尺
		（13）分型面 M、N 两个平面的精加工		数控铣	φ6 平刀	机用平口钳	游标卡尺
	140	以下为凹模反面的加工： （1）粗铣 φ12H7 浇口套孔至 φ11.5		数控铣	φ6 平刀	机用平口钳	游标卡尺、百分表、分中棒
		（2）半精铣 φ12H7 浇口套孔至 φ11.8		数控铣	φ6 平刀	机用平口钳	游标卡尺
		（3）铰 φ12H7 浇口套孔至尺寸要求		数控铣	φ12H7 机用铰刀	机用平口钳	游标卡尺、浇口套
		（4）M6 螺纹孔打中心钻		数控铣	中心钻	机用平口钳	游标卡尺
		（5）钻 M6 螺纹孔底孔，钻尖钻深 −16.5		数控铣	φ5 钻头	机用平口钳	游标卡尺
模具装配车间	150	M6 螺纹孔攻丝		钳工台、自动攻丝机	M6 丝锥	老虎钳	游标卡尺、M6 螺钉
	160	去毛刺、锐边倒钝、标记基准角		钳工台	修边器、锉刀、打磨机	老虎钳	游标卡尺
	170	对与塑料接触的型腔表面进行抛光		钳工台	油石、砂纸、钻石膏、打磨笔等	带开关磁座	粗糙度检测仪、粗糙度对比样板

注：（1）工序 10～60 也可安排在普铣车间进行（粗铣后的单边余量留 0.3mm 左右），视教学场地安排及学生对相关设备的操作熟练程度而定；

（2）工序 140 中（1）～（3）对浇口套孔的加工工艺也可改为：打中心钻→钻 φ8 孔→扩钻 φ11.8 孔→铰 φ12H7 孔。

三、凹模正面的数控编程

考虑到凹模正面形状相对复杂，其数控编程对于初学者有一定的难度，下面选用 Mastercam X3.0 作为编程软件，简要给出凹模正面刀路方案。

如图 4-9（a）所示，凹模中浇口套孔会造成型腔底部应用球刀进行精加工时产生抬刀。因此在使用 Creo1.0 分模时通常无须切除该孔的材料，如图 4-9（b）所示。凹模 IGES 数据格式文件详见本书网络课件：注射模具设计与制造 \ CNC 编程 \ cav_nc.igs。

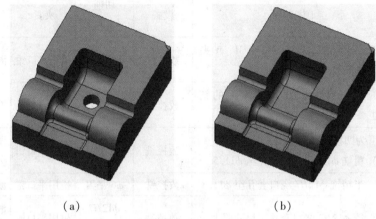

（a）   （b）

图 4-9   凹模加工模型

编刀路前须做好以下五项准备工作：

（1）运行 Mastercam X3.0 并打开 cav_nc.igs 文件。

（2）由曲面生成实体。

（3）根据需要旋转模型，工件坐标系设置在模型顶面中间处。

（4）设置机床类型为铣床（默认）。

（5）材料设置为 100mm × 80mm × 39mm。

完成上述工作之后，效果如图 4-10 所示。

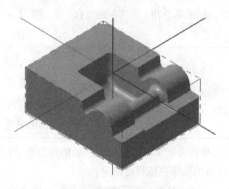

图 4-10   凹模加工模型及毛坯

1. 型腔及分型面整体开粗（曲面粗加工→挖槽粗加工   φ10 平刀）

此刀路的作用在于以最快的速度去除多余的材料。

（1）绘制如图 4-11 所示封闭线框作为加工边界，其中有三边向模型外侧扩宽 6mm，沿 Z 轴方向平移 20mm（避免与后面刀路的加工边界范围出现线条重合）。

（2）新建曲面挖槽粗加工刀路，框选整个模型作为加工曲面，选（1）创建的封闭线框作为边界范围，如图4－12所示。

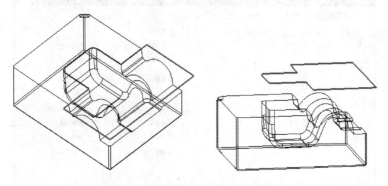

图4－11 绘制封闭线框并沿 *Z* 轴方向平移

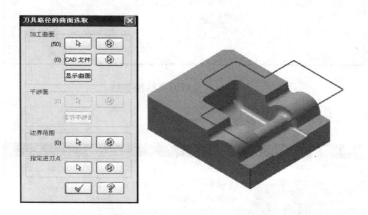

图4－12 选取加工曲面及边界范围

（3）创建 ϕ10平刀，如图4－13所示设置相关参数。

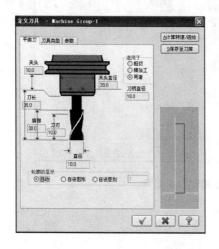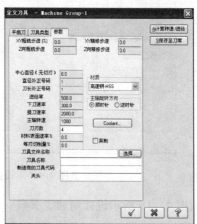

图4－13 定义刀具

(4) 完成后的刀具路径参数如图4-14所示。

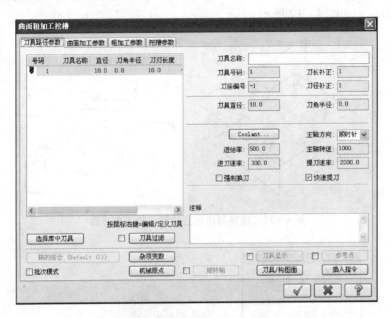

图4-14 设置刀具路径参数

(5) 如图4-15所示设置曲面加工参数。

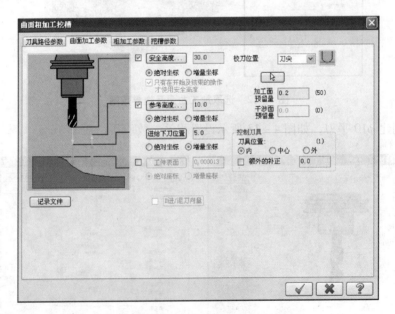

图4-15 设置曲面加工参数

(6) 如图4-16所示设置粗加工参数。

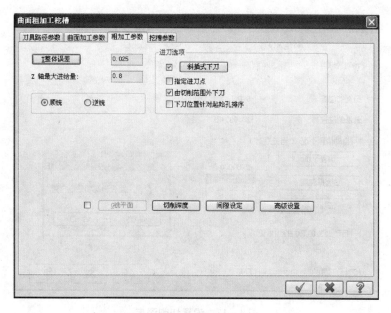

图 4 - 16　设置粗加工参数

其中，斜插式下刀参数如图 4 - 17 所示设置。

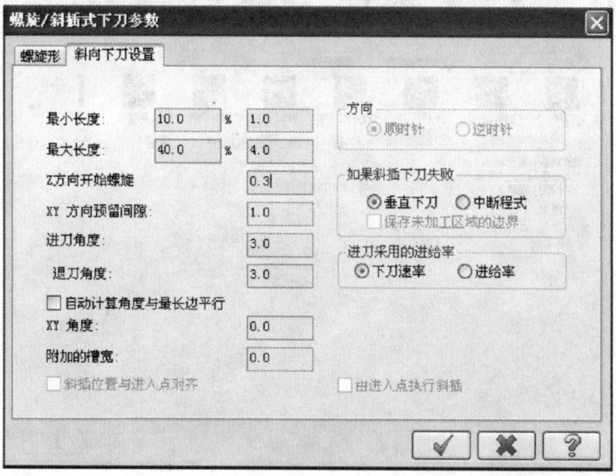

图 4 - 17　设置斜插式下刀参数

切削深度参数如图 4 - 18 所示设置，步骤如下：选择"绝对坐标"→点击"侦查平面"→"重设最高和最低位置"（点击"是"）→勾选"自动调整加工面的预留量"。

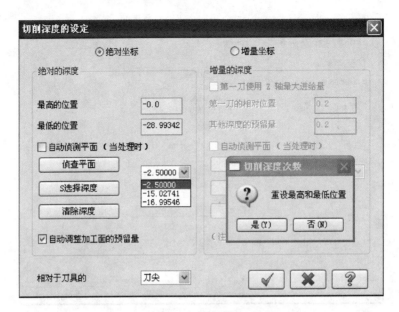

图 4 - 18　设置切削深度

（7）如图 4 - 19 所示设置挖槽参数。

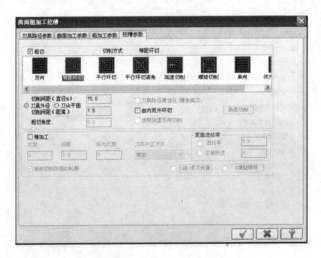

图 4 - 19　设置挖槽参数

（8）单击"确定"跳过警告，完成后的刀路轨迹如图 4 - 20 所示。

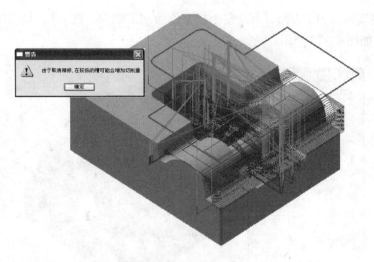

图4-20 刀路轨迹

（9）实体验证刀路，效果如图4-21所示。

图4-21 实体验证刀路

2. 型腔及分型面残料加工（曲面粗加工→残料加工 φ6平刀）

此刀路的作用在于以较小的刀具除去上一条大刀加工刀路所残余的材料，尤其是角落位置的残料，同时使开粗之后的余量均匀化，降低台阶高度差。

（1）绘制如图4-22所示封闭线框作为加工边界，其中有三边向模型外侧扩宽3mm。

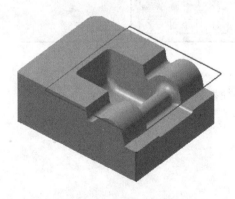

图4-22 绘制封闭线框

（2）新建残料粗加工刀路，框选整个模型作为加工曲面，选（1）创建的封闭线框作为边界范围，如图 4 − 23 所示。

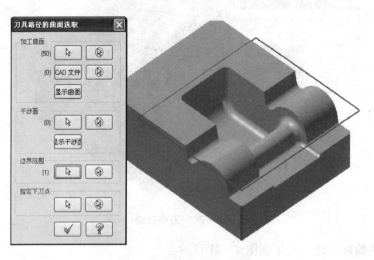

图 4 − 23　选取加工曲面及边界范围

（3）创建 φ6 平刀，如图 4 − 24 所示设置相关参数。

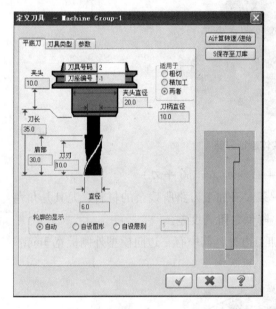
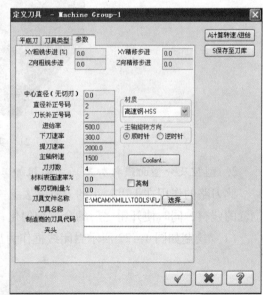

图 4 − 24　定义刀具

（4）完成后的刀具路径参数如图 4 − 25 所示。

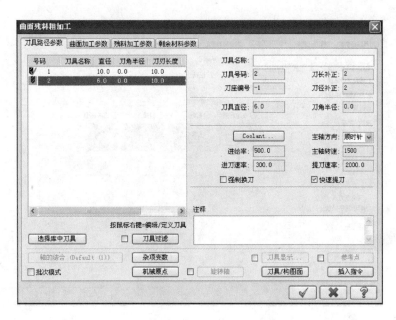

图4-25　设置刀具路径参数

（5）如图4-26所示设置曲面加工参数。

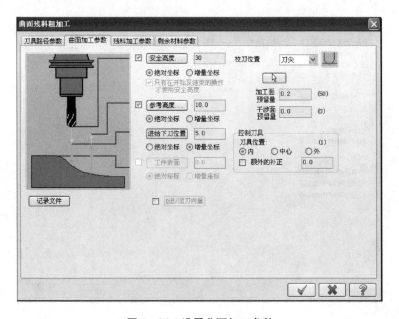

图4-26　设置曲面加工参数

（6）如图4-27所示设置残料加工参数。

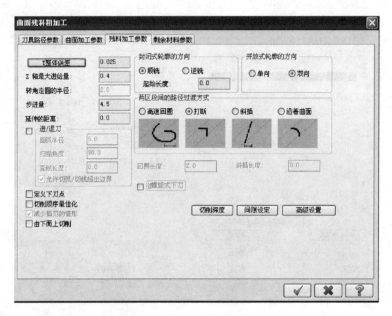

图 4 - 27   设置残料加工参数

（7）如图 4 - 28 所示设置剩余材料参数。

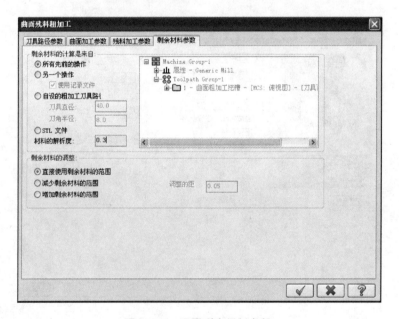

图 4 - 28   设置剩余材料参数

（8）完成后的刀路轨迹如图 4 - 29 所示。

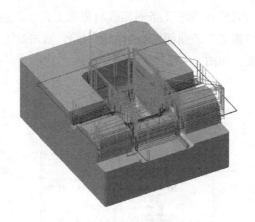

图 4 - 29　刀路轨迹

（9）勾选对上述两条刀路一起进行实体验证，效果如图 4 - 30 所示。

经验证可知，分型面圆弧凹陷位残留材料仍较多，且无法用平刀切除，必须改用球刀。因此，后续需要对这两部位增加一条局部残料加工刀路。

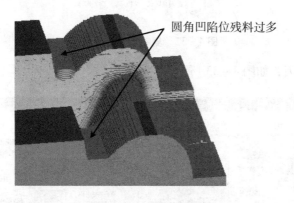

圆角凹陷位残料过多

图 4 - 30　实体验证刀路

3. 分型面圆弧凹陷位残料加工（曲面粗加工→残料加工　φ6 球刀）

（1）绘制如图 4 - 31 所示封闭线框作为加工范围，上下两边向模型外侧扩宽 3mm。

图 4 - 31　绘制封闭线框

（2）在刀具路径管理器中选择第 2 条曲面残料粗加工刀路，通过鼠标右键的弹出菜单进行复制和粘贴操作，得到第 3 条曲面残料粗加工刀路，双击此刀路的"参数"进入窗口界面对相关参数进行修改，如图 4 - 32 所示。

图 4 - 32　复制和粘贴刀路

（3）创建 φ6 球刀，如图 4 - 33 所示设置相关参数。

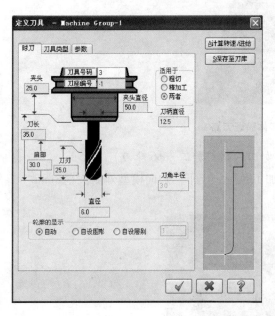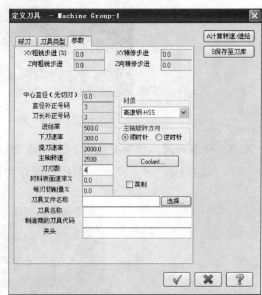

图 4 - 33　定义刀具

（4）选择 φ6 球刀，如图 4 - 34 所示设置刀具路径参数。

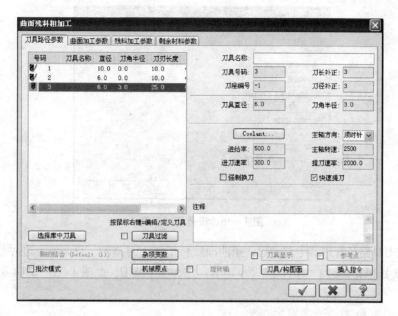

图 4-34 选定刀具

（5）如图 4-35 所示，更改残料加工参数中的步进量为 1。点击"切削深度"，选择绝对坐标，数值设为 -9～0，其余参数不变，如图 4-36 所示。

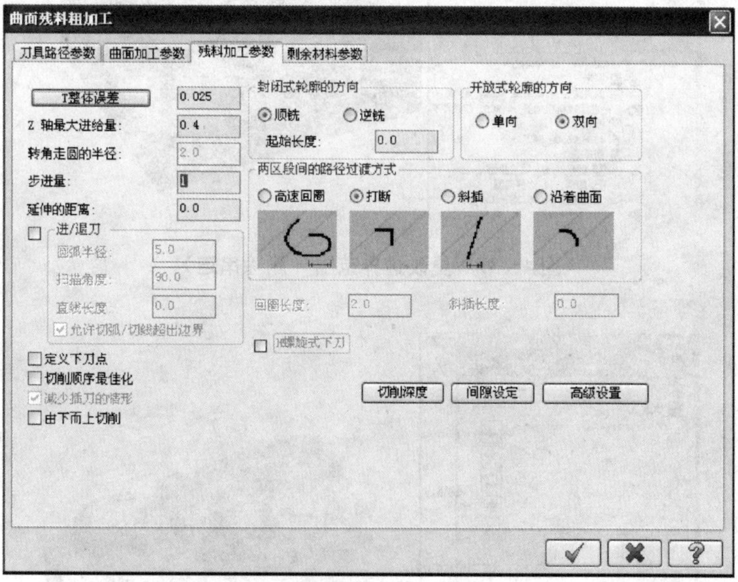

图 4-35 设置残料加工参数

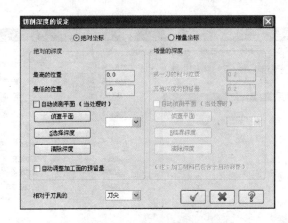

图 4 – 36   设置切削深度

（6）在刀具路径管理器中双击第 3 条曲面残料粗加工刀路的"图形 – 1 边界范围"，删除"串连 1"（大矩形），增加"串连 2"（小矩形）作为加工范围，如图 4 – 37、图 4 – 38 所示。

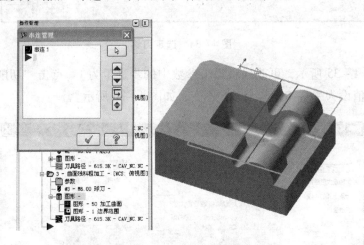

图 4 – 37   更改边界范围（删除串连）

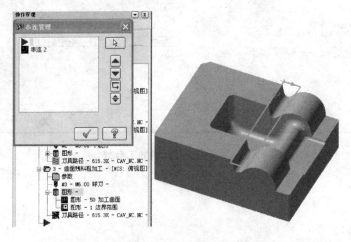

图 4 – 38   更改边界范围（增加串连）

（7）重新计算，生成的刀路轨迹如图4-39所示。

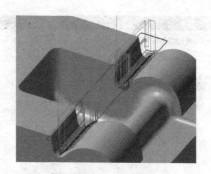

图4-39　刀路轨迹

（8）将上述三条刀路全选，进行实体验证，效果如图4-40所示。至此，开粗已进行得比较彻底，可进入半精加工环节。

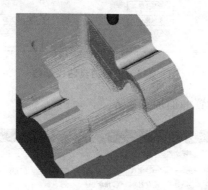

图4-40　实体验证刀路

4.　型腔及分型面等高半精加工（曲面精加工→等高外形　φ6球刀）

（1）通过绘图→曲面曲线→单一边界→提取如图4-41所示的线框，新建曲面精加工等高外形刀路，框选整个模型作为加工曲面，选择所绘制线框作为边界范围。

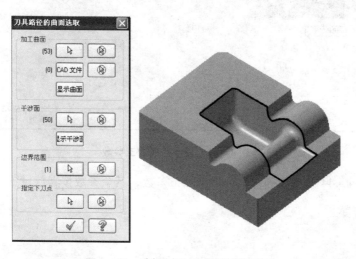

图4-41　选择加工曲面及边界范围

（2）选择 $\phi6$ 球刀，如图 4 - 42 所示设置刀具路径参数。

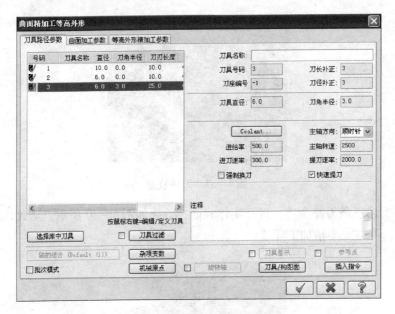

图 4 - 42　设置刀具路径参数

（3）如图 4 - 43 所示设置曲面加工参数。

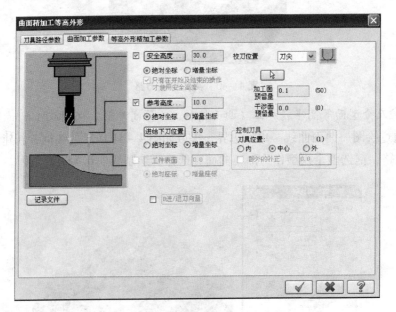

图 4 - 43　设置曲面加工参数

（4）如图 4 - 44 所示设置等高外形精加工参数，其余参数按默认设置。

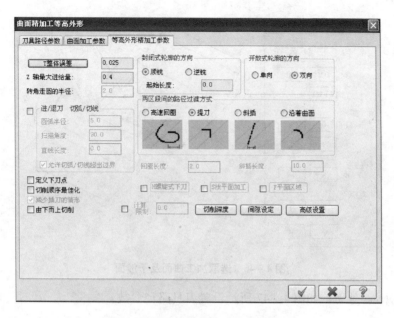

图4-44 设置等高外形精加工参数

（5）生成的刀路轨迹如图4-45所示。

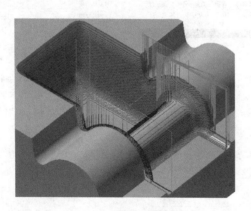

图4-45 刀路轨迹

等高外形刀路的特点是：对于陡峭部位加工质量较好，但是平坦部位刀路稀疏，加工质量差。因此，后续须对平坦部位再做进一步处理，可用曲面精加工中的平行铣削或浅平面加工策略。

5. 型腔底部半精加工（曲面精加工→平行铣削 φ6球刀）

（1）新建曲面精加工平行铣削刀路，以实体面方式选取如图4-46所示的加工曲面及干涉面。

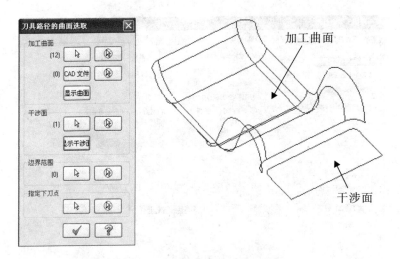

图 4 - 46　选取加工曲面及干涉面

（2）选择 $\phi6$ 球刀，如图 4 - 47 所示设置刀具路径参数。

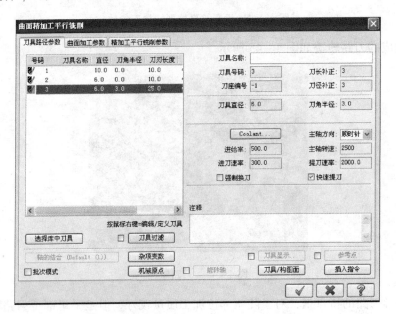

图 4 - 47　设置刀具路径参数

（3）如图 4 - 48 所示设置曲面加工参数。

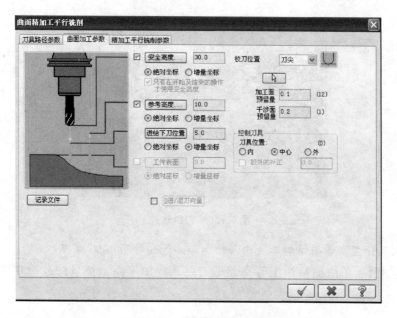

图4-48　设置曲面加工参数

（4）如图4-49所示设置精加工平行铣削参数。

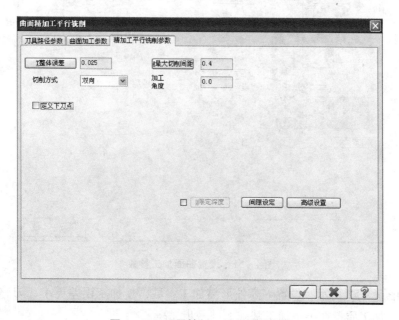

图4-49　设置精加工平行铣削参数

（5）生成的刀路轨迹如图4-50所示。

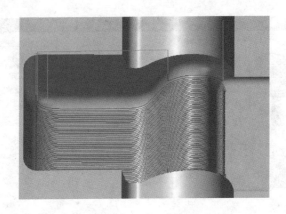

图 4 - 50　刀路轨迹

6. 型腔及分型面等高精加工（曲面精加工→等高外形　$\phi6$ 球刀）

（1）复制第 4 条曲面精加工等高外形刀路，将加工面预留量修改为 0，如图 4 - 51 所示。

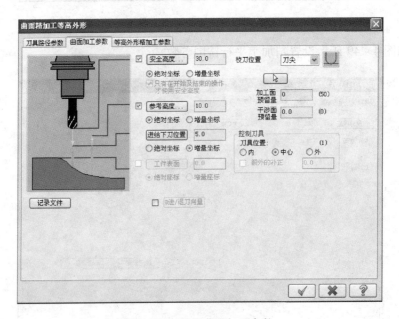

图 4 - 51　设置曲面加工参数

（2）如图 4 - 52 所示，设置等高外形精加工参数，使加工误差更小、刀路轨迹更密，并采用顺铣，加工质量在半精加工基础上进一步提高。

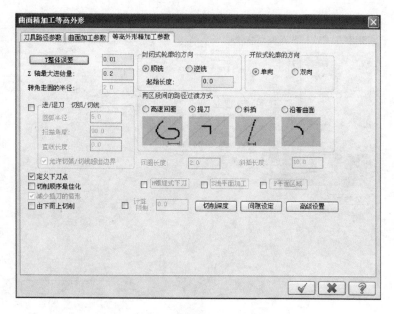

图4－52 设置等高外形精加工参数

（3）再生后的刀路轨迹如图4－53所示。

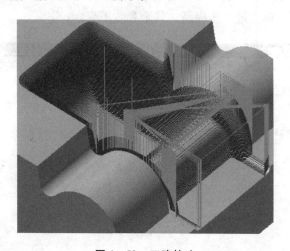

图4－53 刀路轨迹

7. 型腔底部精加工（曲面精加工→平行铣削 φ6球刀）

（1）复制第5条曲面精加工平行铣削刀路，将加工面预留量修改为0，如图4－54所示。

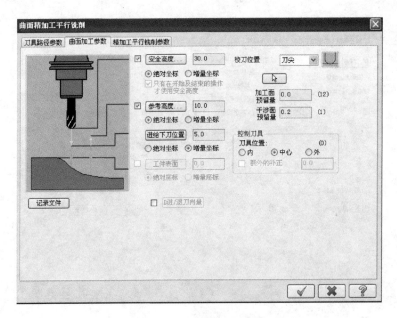

图 4 - 54　设置曲面加工参数

（2）如图 4 - 55 所示，设置精加工平行铣削参数，使加工误差更小、刀路轨迹更密，加工质量在半精加工基础上进一步提高，其余参数不变。

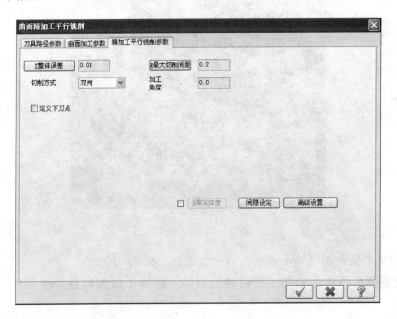

图 4 - 55　设置精加工平行铣削参数

（3）再生后的刀路轨迹如图 4 - 56 所示。

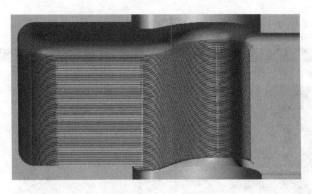

图 4-56　刀路轨迹

8．分型面圆弧面半精加工（曲面精加工→流线加工　φ4 球刀）

（1）创建曲面精加工流线加工刀路，以实体面方式选取如图 4-57 所示的实体表面作为加工曲面。

图 4-57　选取加工曲面

（2）创建 φ4 球刀，如图 4-58 所示设置刀具路径参数。

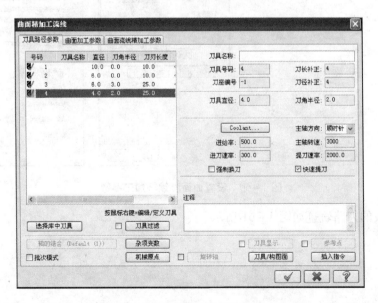

图 4-58　设置刀具路径参数

（3）如图 4 - 59 所示设置曲面加工参数。

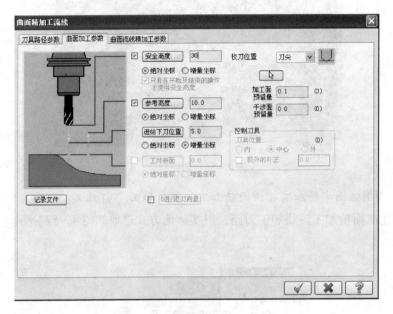

图 4 - 59　设置曲面加工参数

（4）如图 4 - 60 所示，设置曲面流线精加工参数，须限定深度，并进行间隙设定。

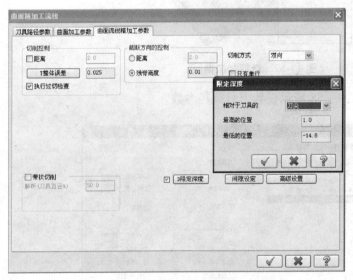

图 4 - 60　设置曲面流线精加工参数

（5）生成的刀路轨迹如图 4 - 61 所示。

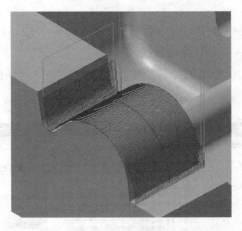

图 4 - 61　刀路轨迹

（6）如图 4 - 62 所示，在刀具路径管理器中，单击"图形 - 曲面流线参数"，在弹出的对话框中可对切削方向进行调整。

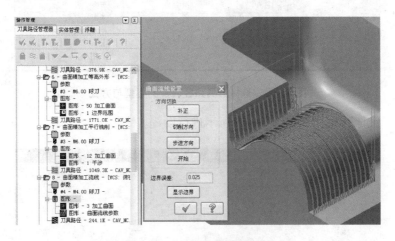

图 4 - 62　设置曲面流线参数

（7）调整后的刀具路径如图 4 - 63 所示。

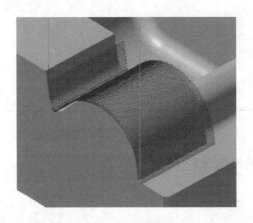

图 4 - 63　刀具路径

（8）镜像刀具路径。

①在刀具路径管理器中选中"8－曲面精加工流线"刀路，按右键，在弹出的菜单中选择"铣床刀具路径"→"刀具路径转换"。

②如图4－64所示，在弹出的"转换操作之参数设定"对话框中选择刀具路径转换的类型与方式为"镜像"。

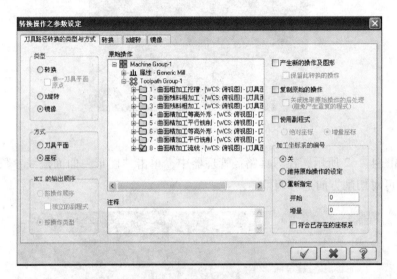

图4－64　选择刀具路径转换的类型与方式

③点选"镜像"页面，如图4－65所示进行设置。

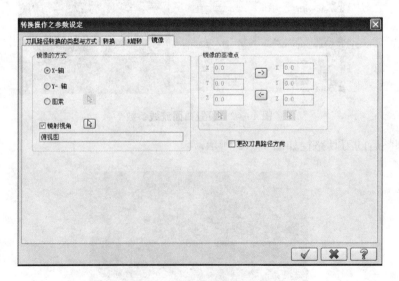

图4－65　选择镜像的方式

④镜像之后的刀路轨迹如图4－66所示。

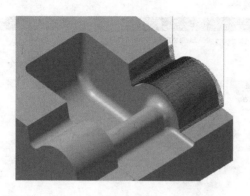

图 4 - 66   镜像后的刀路轨迹

9. 分型面圆弧面精加工

（1）在刀具路径管理器中选中"8 - 曲面精加工流线"刀路进行复制、粘贴，如图 4 - 67 所示设置相关参数。

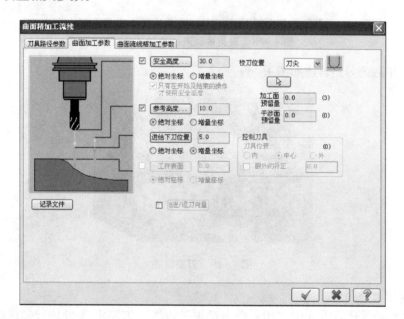

图 4 - 67   设置曲面加工参数

（2）如图 4 - 68 所示设置曲面流线精加工参数。

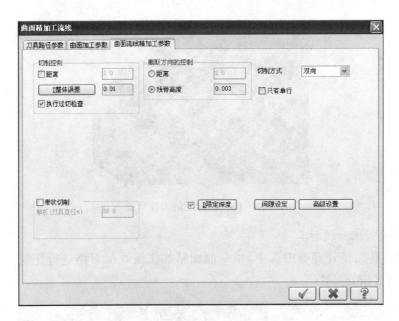

图4-68　设置曲面流线精加工参数

（3）再生后的刀路轨迹如图4-69所示。

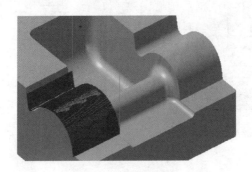

图4-69　刀路轨迹

（4）镜像刀具路径。

在刀具路径管理器中选中"10-曲面精加工流线"刀路沿X轴进行镜像操作，得到另外一侧的刀路轨迹如图4-70所示。

图4-70　镜像后的刀路轨迹

10. 分型面平面 P 的精加工（曲面精加工→浅平面加工 ϕ4 球刀）

（1）通过绘图→曲面曲线→单一边界→提取如图 4 - 71 所示的线条，并对开口两端延伸 3mm。

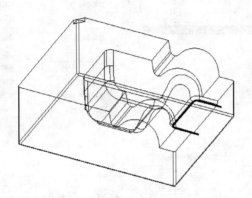

图 4 - 71 通过单一边界提取实体上的线条

（2）创建曲面精加工浅平面刀路，选择整个实体作为加工曲面，选择上一步绘制的线条作为边界范围，如图 4 - 72 所示。

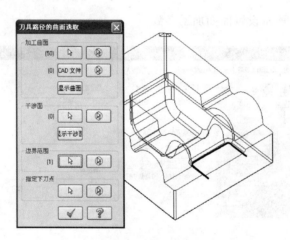

图 4 - 72 选取加工曲面及边界范围

（3）如图 4 - 73 所示设置刀具路径参数。

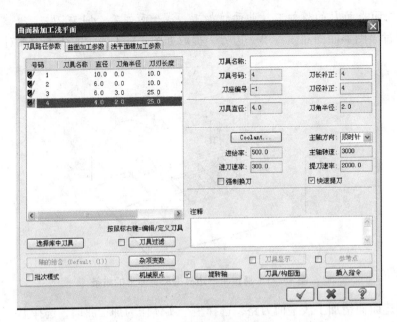

图 4 - 73   设置刀具路径参数

（4）如图 4 - 74 所示设置曲面加工参数。

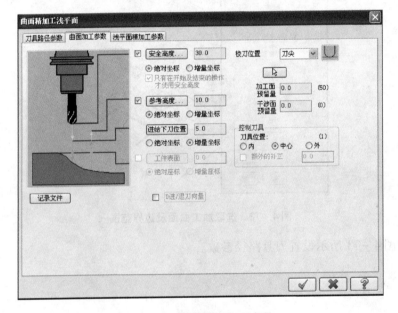

图 4 - 74   设置曲面加工参数

（5）如图 4 - 75 所示设置浅平面精加工参数。

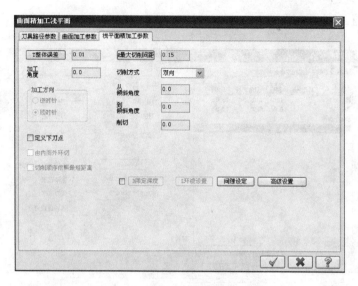

图 4 - 75　设置浅平面精加工参数

（6）生成的刀路轨迹如图 4 - 76 所示。

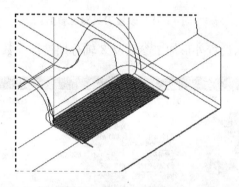

图 4 - 76　刀路轨迹

11. 分型面平面 P 相邻圆角（$R2$）的精加工（外形铣削　$\phi4$ 球刀）

（1）创建外形铣削刀路，如图 4 - 77 所示，选取加工参考轨迹。

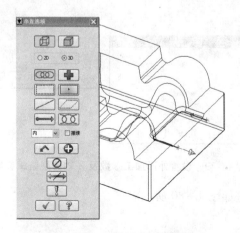

图 4 - 77　选取加工参考轨迹

（2）如图 4-78 所示设置刀具路径参数。

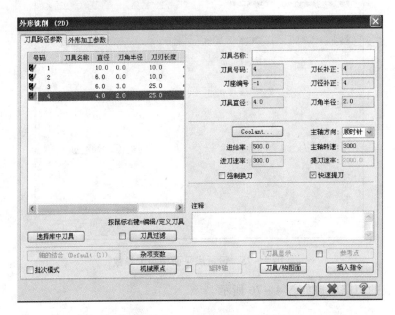

图 4-78 设置刀具路径参数

（3）如图 4-79 所示设置外形加工参数及 Z 轴分层铣深参数。

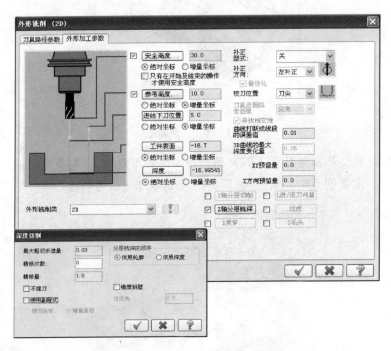

图 4-79 设置外形加工参数及 Z 轴分层铣深参数

（4）生成的刀路轨迹如图 4-80 所示。

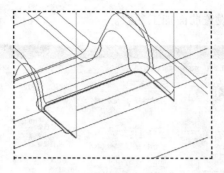

图 4 – 80　刀路轨迹

12. 分型面圆弧面与平面 *M*、*N* 夹角位清根（曲面精加工→等高外形　φ6 平刀）

（1）绘制如图 4 – 81 所示的矩形线框，新建曲面精加工等高外形刀路，框选整个模型作为加工曲面，选矩形线框作为边界范围。

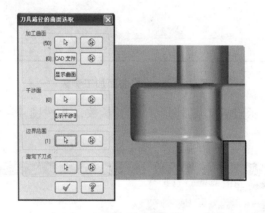

图 4 – 81　选取加工曲面及边界范围

（2）选择 φ6 平刀，如图 4 – 82 所示设置刀具路径参数。

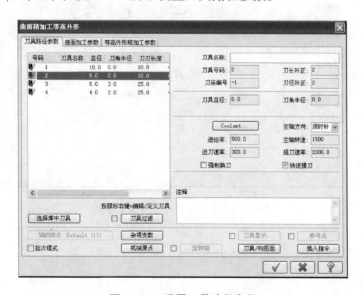

图 4 – 82　设置刀具路径参数

（3）如图 4 - 83 所示设置曲面加工参数。

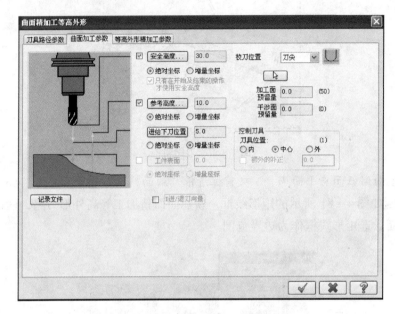

图 4 - 83　设置曲面加工参数

（4）如图 4 - 84 所示设置等高外形精加工参数，并按图 4 - 85 所示设置切削深度参数。

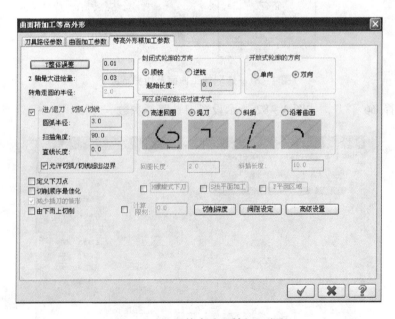

图 4 - 84　设置等高外形精加工参数

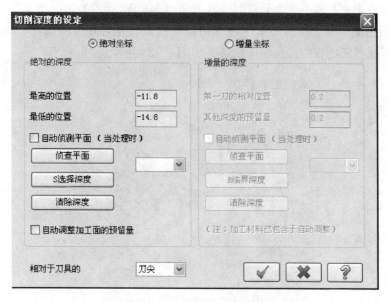

图 4 – 85　设置切削深度参数

（5）生成的刀路轨迹如图 4 – 86 所示。

图 4 – 86　刀路轨迹

（6）在刀具路径管理器中选中"14 – 曲面精加工等高外形"刀路沿 X 轴进行镜像操作，得到另外一侧的刀路轨迹如图 4 – 87 所示。

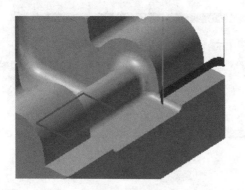

图 4 – 87　镜像后的刀路轨迹

13. 分型面 M、N 两个平面的精加工（外形铣削 φ6 平刀）

（1）通过绘图→曲面曲线→单一边界→提取线条，并对开口两端延伸 4mm，创建外形铣削刀路，选择所绘直线作为参考轨迹，如图 4-88 所示。

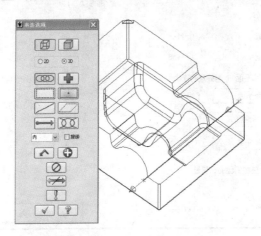

图 4-88 选择加工参考轨迹

（2）如图 4-89 所示设置刀具路径参数。

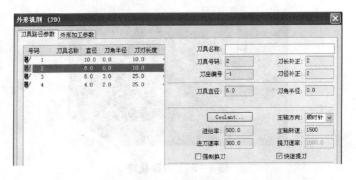

图 4-89 设置刀具路径参数

（3）如图 4-90 所示设置外形加工参数及 X 轴分层切削参数。

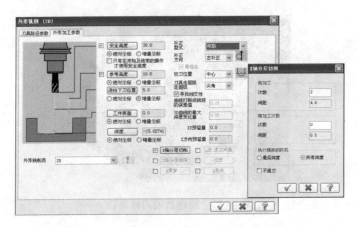

图 4-90 设置外形加工参数及 X 轴分层切削参数

（4）生成的刀路轨迹如图4-91所示。

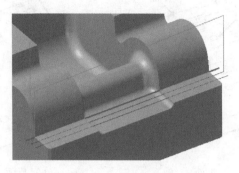

图4-91 刀路轨迹

至此，凹模正面数控铣削加工完毕。详细的编程过程读者可参考本书网络课件：注射模具设计与制造＼大象手机支架注射模＼CNC编程＼CAV_NC.MCX。将上述所有刀路一起选中进行实体验证，切削效果如图4-92所示。

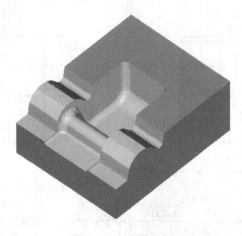

图4-92 实体验证

上述刀路切削参数均依据毛坯材料为A3钢，刀具材料为高速工具钢而定，实际加工中还应视加工状况进行适当调整。

任务 ③ 凸模的加工

一、加工工艺分析

如图4-93所示为凸模3D立体图（见本书网络课件：注射模具设计与制造＼大象手机支架注射模＼3D图档＼cor.prt），如图4-94所示为凸模2D零件图（见本书网络课件：注射模具设计与制造＼大象手机支架注射模＼2D图档＼cor.dwg）。

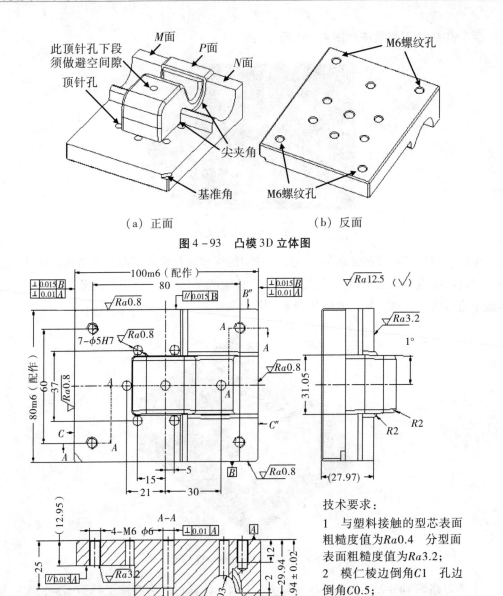

图 4-93　凸模 3D 立体图

（a）正面　　　　　（b）反面

图 4-94　凸模 2D 零件图

技术要求：

1　与塑料接触的型芯表面粗糙度值为 Ra0.4　分型面表面粗糙度值为 Ra3.2；

2　模仁棱边倒角 C1　孔边倒角 C0.5；

3　材料为 A3 钢（仅教学中使用），毛坯尺寸为 103mm×83mm×45mm。

　　从图 4-94 可知，凸模分型面由平面和曲面构成，分型面与型芯之间存在尖夹角，无法直接铣削到位，后续需要依靠电火花成型。分型面大平面与凸模顶面的距离为 39.94-12.95≈27mm，左右两侧壁的拔模斜度为 1°。型芯凹陷位最小圆角半径约为 R7，底部螺纹孔为 M6，顶针孔为 φ5H7。其中一个顶针孔为避免与顶针的配合长度过长而容易擦伤顶针，下段须做避空间隙。模仁分型面大平面与底面、相对两个侧面有平行度要求，模仁相邻两个侧面之间、所有侧面与底面之间、顶针孔与底面之间有垂直度要求。模仁六个平面、顶针孔及与塑料接触的型芯表面的表面粗糙度要求相对较高，分别为 $Ra0.8$ 和 $Ra0.4$。分型面右上角的缺口称为基准角，作为识别记号，可防止模仁装错、装反。模仁及底面孔口锐边倒钝，有利于模具零件的装配，同时防止碰伤手。毛坯尺寸为 $103mm \times 83mm \times 45mm$，材料为 A3 钢（仅在教学中采用）。

二、制订加工工艺方案

为了便于说明，在图 4 – 94 中对模仁六个平面进行了标识，底面为 A 面，顶面为 A″面（图中未标识），四个侧面分别为 B 面、B″面、C 面、C″面。根据图纸要求，制订凸模加工工艺方案，主要包含以下三大环节：

（1）铣模仁六个面，磨五个面（顶面不磨），与定模板模框配作，保证尺寸精度和形位公差要求。

（2）加工反面顶针孔及螺纹孔底孔。

（3）铣正面，数铣加工分型面及型芯。

详细的加工工艺方案见表 4 – 2。

表 4 – 2　凸模机械加工工艺过程卡片

广州市轻工高级技工学校			机械加工工艺过程卡片				共　3　页
							第　1　页
零件名称	凸模		材料	A3 钢	毛坯尺寸	$103mm \times 83mm \times 45mm$	
车间名称	工序号	工序名称		设备	切削工具	夹具	量（检）具
数铣车间	10	以 B 面作为定位面粗铣 B″面		数控铣	面铣刀或 $\phi12$ 平刀	机用平口钳	游标卡尺
	20	以 B″面为定位面粗铣 B 面，控制宽度尺寸 80m6 至 80.4		数控铣	面铣刀或 $\phi12$ 平刀	机用平口钳	游标卡尺
	30	以 A 面作为定位面，粗铣 A″面		数控铣	面铣刀或 $\phi12$ 平刀	机用平口钳	游标卡尺
	40	以 A″面为定位面粗铣 A 面，控制厚度尺寸 39.94 至 40.4		数控铣	面铣刀或 $\phi12$ 平刀	机用平口钳	游标卡尺
	50	以 C 面作为定位面粗铣 C″面（夹紧前须用百分表检测 B 或 B″面，使之处于铅垂状态）		数控铣	面铣刀或 $\phi12$ 平刀	机用平口钳	游标卡尺、百分表
	60	以 C″面为定位面粗铣 C 面，控制长度尺寸 100m6 至 100.4		数控铣	面铣刀或 $\phi12$ 平刀	机用平口钳	游标卡尺

（续上表）

广州市轻工高级技工学校			机械加工工艺过程卡片		共 3 页
					第 2 页
零件名称	凸模	材料	A3 钢	毛坯尺寸	103mm×83mm×45mm

车间名称	工序号	工序名称	设备	切削工具	夹具	量（检）具
磨削车间	70	以 A″面作为定位面，精磨 A 面（A″面不作精磨），控制厚度尺寸 39.94 至 40.5	平面磨床	白刚玉砂轮	电磁吸盘、挡块	外径千分尺
	80	以精密平口钳夹紧 A 面和 A″面，精磨 B 面	平面磨床	白刚玉砂轮	电磁吸盘、精密平口钳	外径千分尺、内径千分尺
	90	以精密平口钳夹紧 A 面和 A″面，精磨 B″面，控制宽度尺寸 80m6（与动模板模框配作）	平面磨床	白刚玉砂轮	电磁吸盘、精密平口钳	外径千分尺、内径千分尺、动模板
	100	紧接上一道工序，使精密平口钳绕丝杠轴线翻转 90°，精磨 C 面（此时 C″面应完全位于钳口内）	平面磨床	白刚玉砂轮	电磁吸盘、精密平口钳	外径千分尺、内径千分尺
	110	紧接上一道工序，使精密平口钳翻转 180°，精磨 C″面（此时 C 面应完全位于钳口内），控制宽度尺寸 100m6（与动模板模框配作）	平面磨床	白刚玉砂轮	电磁吸盘、精密平口钳	外径千分尺、内径千分尺、动模板
数铣车间	120	以下为凸模反面的加工： （1）φ5H7 顶针孔、M6 螺纹孔打中心钻	数控铣	中心钻	机用平口钳	游标卡尺、百分表、分中棒
		（2）钻 M6 螺纹孔底孔，钻尖钻深 −16.5	数控铣	φ5 钻头	机用平口钳	游标卡尺
		（3）钻 φ5H7 顶针孔底孔（通孔）	数控铣	φ4.8 钻头	机用平口钳	游标卡尺
		（4）扩钻中间顶针孔避空段，钻深 −27	数控铣	φ6 钻头	机用平口钳	游标卡尺
		（5）铰 φ15H7 顶针孔，其中中间的顶针孔铰通，圆弧面处的顶针孔铰 −22 深，其余顶针孔铰 −16 深	数控铣	φ5H7 机用铰刀	机用平口钳	游标卡尺、φ5 顶针

（续上表）

广州市轻工高级技工学校				机械加工工艺过程卡片				共 3 页
								第 3 页
零件名称		凸模	材料	A3 钢	毛坯尺寸		103mm×83mm×45mm	
车间名称	工序号	工序名称			设备	切削工具	夹具	量（检）具
数铣车间	130	以下为凸模正面的加工： （1）型芯及分型面整体开粗			数控铣	$\phi12$ 平刀	机用平口钳	游标卡尺、百分表、分中棒
		（2）型芯及分型面残料加工			数控铣	$\phi6$ 球刀	机用平口钳	游标卡尺
		（3）型芯及分型面等高半精加工			数控铣	$\phi6$ 球刀	机用平口钳	游标卡尺
		（4）型芯及分型面平坦部半精加工			数控铣	$\phi6$ 球刀	机用平口钳	游标卡尺
		（5）型芯及分型面等高精加工			数控铣	$\phi6$ 球刀	机用平口钳	游标卡尺
		（6）型芯及分型面平坦部精加工			数控铣	$\phi6$ 球刀	机用平口钳	游标卡尺
		（7）分型面平台 P 面的精加工			数控铣	$\phi8$ 平刀	机用平口钳	游标卡尺
		（8）分型面平台 M、N 面的精加工			数控铣	$\phi8$ 平刀	机用平口钳	游标卡尺
		（9）分型面平台 P 面与 M、N 面过渡圆角的精加工			数控铣	$\phi8$ 平刀	机用平口钳	游标卡尺
		（10）分型面平台 P 面相邻台阶面的精加工			数控铣	$\phi8$ 平刀	机用平口钳	游标卡尺
		（11）分型面尖夹角清根加工			数控铣	$\phi8$ 平刀	机用平口钳	游标卡尺
		（12）分型面大平面精加工			数控铣	$\phi8$ 平刀	机用平口钳	游标卡尺
电加工车间	140	尖夹角放电			电火花成型机床	电极（铜公）	电磁吸盘	游标卡尺、杠杆百分表
模具装配车间	150	M6 螺纹孔攻丝			钳工台、自动攻丝机	M6 丝锥	老虎钳	游标卡尺、M6 螺钉
	160	去毛刺、锐边倒钝、标记基准角			钳工台	修边器、锉刀、打磨机	老虎钳	游标卡尺
	170	对与塑料接触的型芯表面进行抛光			钳工台	油石、砂纸、钻石膏、打磨笔等	带开关磁座	粗糙度检测仪、粗糙度对比样板

注：工序 10～60 也可安排在普铣车间进行（粗铣后的余量单边留 0.3mm 左右），视教学场地安排及学生对相关设备的操作熟练程度而定。

三、凸模正面的数控编程

考虑到凸模正面形状相对复杂，其数控编程对于初学者有一定的难度，以下简要给出刀路方案，供读者参考。与凹模类似，为了避免如图 4 - 95（a）所示的顶针孔在编程时引起不必要的抬刀，分模时通常无须切除顶针孔的材料，如图 4 - 95（b）所示。因此，应用 Mastercam X3.0 编程时采用后者作为加工模型（见本书网络课件：注射模具设计与制造 \ CNC 编程 \ cor_nc. igs）。

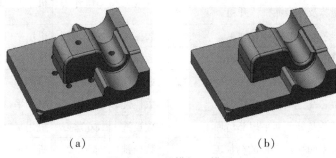

（a）　　　　　　　　　　（b）

图 4 - 95　凸模加工模型

1. 型芯及分型面整体开粗（曲面粗加工→挖槽粗加工　φ12 平刀）

选取整个实体作为加工曲面，选取矩形线框作为加工边界范围；主要切削参数：余量 0.2，Z 轴方向切削深度每层 0.8，间距 8。所生成的刀路轨迹如图 4 - 96 所示，实体验证效果如图 4 - 97 所示。

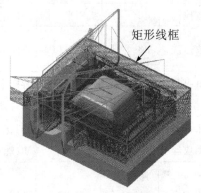

矩形线框

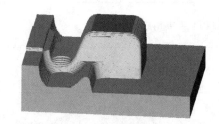

图 4 - 96　刀路轨迹　　　　　　　图 4 - 97　实体验证

2. 型芯及分型面残料加工（曲面粗加工→残料加工　φ6 球刀）

为了使型腔及分型面圆弧凹陷位的残料去除得更加彻底，采用 φ6 球刀进行残料加工。选取整个实体作为加工曲面，选取矩形线框作为加工边界范围；主要切削参数：余量 0.2，Z 轴方向切削深度每层 0.5，间距 1，材料的解释度 0.5。所生成的刀路轨迹如图 4 - 98 所示。若连同第 1 条整体开粗刀路一起进行实体验证，效果如图 4 - 99 所示。此时，第 1 条整体开粗刀路所残留材料已有效去除，可进入半精加工环节。

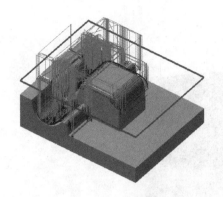

图 4 - 98 刀路轨迹

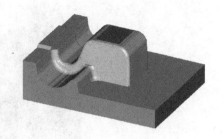

图 4 - 99 实体验证

3. 型芯及分型面等高半精加工（曲面精加工→等高外形 φ6 球刀）

选取整个实体作为加工曲面，选取"凸"字形线框作为加工边界范围；主要切削参数：余量 0.1，Z 轴方向切削深度每层 0.4，双向混合铣走刀，所生成的刀路轨迹如图 4 - 100 所示。

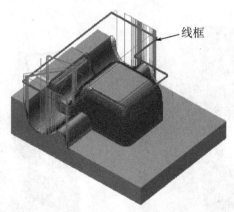

图 4 - 100 刀路轨迹

4. 型芯及分型面平坦部半精加工（曲面精加工→浅平面加工 φ6 球刀）

（1）选取如图 4 - 101 所示实体面作为加工曲面，加工余量为 0.1，其他主要参数如图 4 - 102 所示。

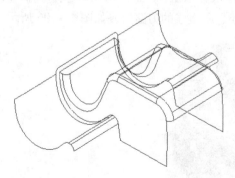

图 4 - 101 加工曲面

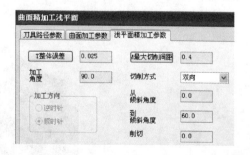

图 4 - 102 浅平面精加工参数

（2）生成的刀路轨迹如图 4 - 103 所示。

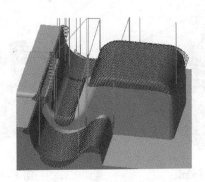

图 4 - 103　刀路轨迹

（3）修剪刀具路径。

①绘制如图 4 - 104 所示封闭线框。

②利用所绘制的封闭线框对刀路进行修剪，结果如图 4 - 105 所示。

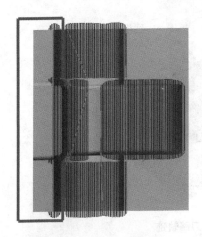

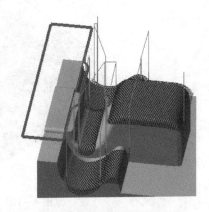

图 4 - 104　绘制封闭线框　　　　　图 4 - 105　修剪后的刀路轨迹

5. 型芯及分型面等高精加工（曲面精加工→等高外形　ϕ6 球刀）

复制第 4 条刀路，对以下主要切削参数进行修改：余量 0，整体误差 0.01，Z 轴方向切削深度每层 0.2，单向顺铣走刀，其余参数不变。所生成的刀路轨迹如图 4 - 106 所示。

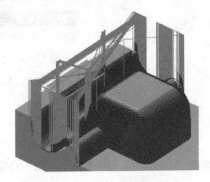

图 4 - 106　刀路轨迹

6. 型芯及分型面平坦部精加工（曲面精加工→浅平面加工 φ6 球刀）

复制第 5 条刀路，对以下主要切削参数进行修改：余量 0，整体误差 0.01，间距 0.2，单向顺铣走刀，其余参数不变。所生成的刀路轨迹如图 4-107 所示。

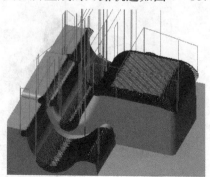

图 4-107 刀路轨迹

参照步骤 4（3）的操作方法对刀路进行修剪，修剪后的刀路轨迹如图 4-108 所示。

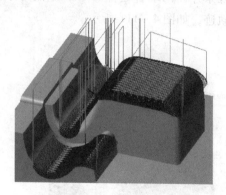

图 4-108 修剪后的刀路轨迹

7. 分型面平台 P 面的精加工（曲面精加工→浅平面加工 φ8 平刀）

（1）以实体面方式选择分型面平台 P 面作为加工曲面，加工余量为 0，其余参数如图 4-109 所示进行设置。

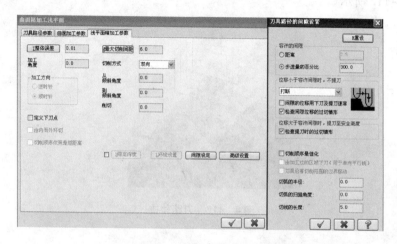

图 4-109 设置浅平面精加工参数

（2）生成的刀路轨迹如图 4 - 110 所示。

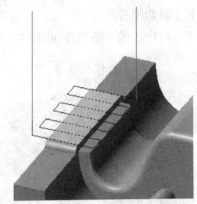

图 4 - 110　刀路轨迹

8．分型面平台 M、N 面的精加工（外形铣削　φ8 平刀）

（1）以单一边界提取线条并往两端各延伸 5mm，编制外形铣削刀路，单向走刀，生成分型面平台 N 面的刀路轨迹，如图 4 - 111 所示。

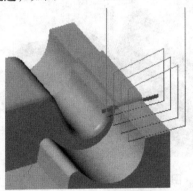

图 4 - 111　刀路轨迹

（2）对第 10 条刀路沿着 X 轴做镜像，即可得到分型面平台 M 面的精加工的刀路轨迹，如图 4 - 112 所示。

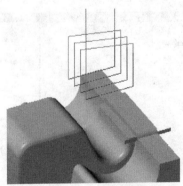

图 4 - 112　刀路轨迹

9. 分型面平台 P 面与 M、N 面过渡圆角的精加工（曲面精加工→流线加工　$\phi 8$ 平刀）

（1）选择 P 面与 M 面的过渡圆弧面作为加工曲面，加工余量为0，其余参数如图 4 – 113 所示进行设置。

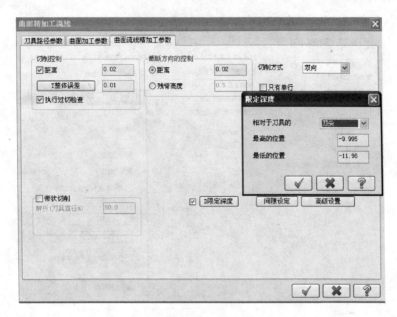

图 4 – 113　设置曲面流线精加工参数

（2）生成的刀路轨迹如图 4 – 114 所示。

图 4 – 114　刀路轨迹

（3）对第12条刀路沿着 X 轴做镜像，即可得到分型面平台 P 面与 N 面过渡圆角的精加工刀路轨迹，如图 4 – 115 所示。

图 4 – 115　镜像后的刀路轨迹

10. 分型面平台 P 面相邻台阶面的精加工（曲面精加工→等高外形　$\phi 8$ 平刀）

（1）选取台阶侧面（注：该侧面具有一定的拔模斜度）所在的圆弧形实体面为加工曲面，加工余量为0，其余参数如图4-116所示进行设置。

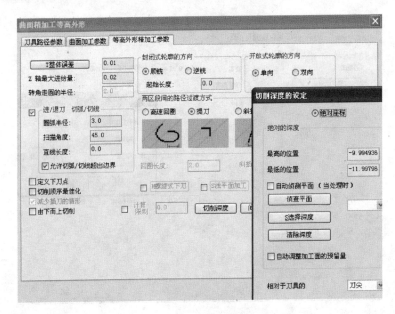

图4-116　设置等高外形精加工参数

（2）生成的刀路轨迹如图4-117所示，其中矩形线框为加工边界范围。

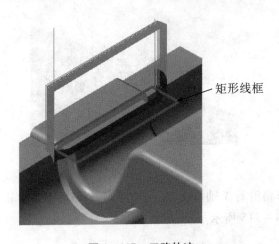

矩形线框

图4-117　刀路轨迹

11. 分型面尖夹角清根加工（曲面精加工→等高外形　$\phi 8$ 平刀）

（1）选取整个实体作为加工曲面，加工余量为0，其余参数如图4-118所示进行设置。

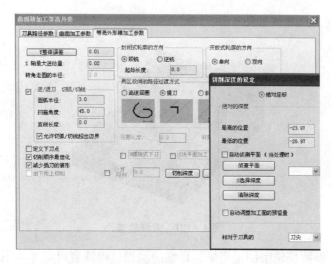

图 4 - 118　设置等高外形精加工参数

（2）生成的刀路轨迹如图 4 - 119 所示，其中矩形线框为加工边界范围。

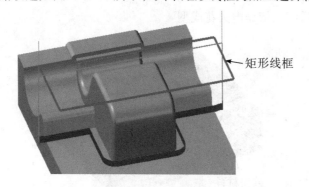

←矩形线框

图 4 - 119　刀路轨迹

12. 分型面大平面精加工（曲面粗加工→挖槽粗加工　φ8 平刀）

（1）复制第 1 条曲面粗加工挖槽刀路，更改刀具为 φ8 平刀，加工余量为 0，如图 4 - 120 所示设置切削深度，其余参数不变。

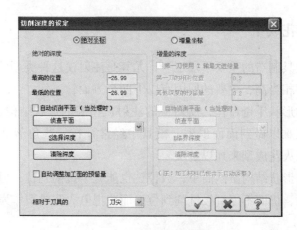

图 4 - 120　设置切削深度

（2）所生成的刀路轨迹如图 4 – 121 所示。

图 4 – 121　刀路轨迹

至此，凸模正面数控铣削加工完毕。详细的编程过程读者可参考本书网络课件：注射模具设计与制造 \ 大象手机支架注射模 \ CNC 编程 \ COR_NC. MCX。将上述所有刀路一起选中进行实体验证，切削效果如图 4 – 122 所示。根部可见明显残留材料且无法通过铣削方式彻底清除，后续须依靠电火花成型。

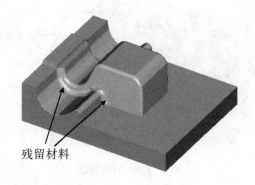

残留材料

图 4 – 122　实体验证

上述刀路切削参数均依据毛坯材料为 A3 钢，刀具材料为高速工具钢而定，实际加工中还应视加工状况进行适当调整。

四、凸模电火花成型

电火花成型是模具制造的重要手段之一，尤其是注射模这种类型的型腔模具，对电火花成型技术依赖程度相当高，主要的原因有以下两个方面：

一是塑料制品的形状千奇百怪，所对应的注射模型腔的形状结构往往复杂而不规则，仅依靠数控铣削加工难以做到面面俱到，模具中经常存在一些角落是刀具无法铣削到位的，这就必须依靠电火花成型来加以解决。

二是模具型腔的形状结构虽然简单，数控铣也能完全铣削到位，但若注塑的塑料制品表面有火花纹要求时，仍旧不能直接铣削到位，而应把电火花成型作为末道工序。

关于电火花成型设备的结构组成、工作原理、工件和电极的安装及校正方法、编程方法、放电参数设置等，读者可参考其他模具专业书籍和电火花成型设备使用手册。在此仅针对本模块前面所介绍的大象手机支架注射模具凸模部分电极的构建、电极的编程及碰数方法做简要说明。

1. 电极的构建

构建电极俗称拆铜公（事实上电极的材料最常用的有红铜和石墨两种）。现应用Creo1.0，简要介绍大象手机支架注射模具凸模部分的电极构建的操作过程。

（1）运行Creo1.0，并将工作目录指定到凸模 cor. prt 模型（见本书网络课件：注射模具设计与制造 \ 大象手机支架注射模 \ EDM \ cor. prt）所在文件夹。

（2）新建组件，选择公制单位。

（3）调入凸模 cor. prt 模型，以默认方式装配。

（4）在组件中创建电极零件，命名为 t1. prt。

① 通过拉伸实体在放电位置上方创建碰数台阶，台阶圆角与凸模基准角方位一致，如图4-123所示，台阶大小应涵盖放电区域，同时应根据红铜坯料尺寸而定，台阶下表面与凸模最高面应留出至少5mm避空位。

② 复制并粘贴凸模上需要放电的型面，如图4-124所示。

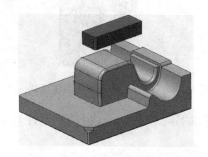

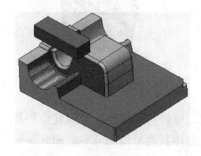

图4-123 创建碰数台阶　　　　　图4-124 复制需放电的型面

（5）结束在组件中创建电极零件的操作，保存文件。

（6）在零件设计窗口中打开工作目录下的电极零件 t1. prt 模型，如图4-125所示。

（7）通过拉伸把多余的曲面修剪掉，如图4-126所示。

（8）通过曲面延伸补齐残缺曲面，如图4-127所示。

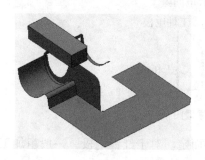

图4-125 电极模型（初步）　　图4-126 曲面修剪　　图4-127 曲面延伸

（9）通过填充补齐残缺曲面，如图 4 - 128 所示。

（10）合并填充面与之前的曲面，如图 4 - 129 所示。

图 4 - 128　填充曲面　　　　　　　　　图 4 - 129　合并曲面

（11）通过曲面延伸补齐残缺曲面，如图 4 - 130 所示。

（12）通过曲面延伸形成封闭曲面组，并对其进行实体化处理，如图 4 - 131 所示。

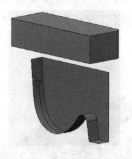 

图 4 - 130　曲面延伸　　　　　　　　图 4 - 131　曲面延伸并实体化

至此，电极构建完毕，详细建模过程可参考本书网络课件：注射模具设计与制造 \ 大象手机支架注射模 \ EDM \ cor_edm. asm。

2. 电极的编程

如图 4 - 132 所示，在进行电火花放电时，电极与工件之间需要有放电间隙（俗称火花位），即电极与工件并不会有硬性的物理接触。脉冲放电瞬间所产生的高温可将工件放电区的金属材料熔化，从而达到电腐蚀的目的。

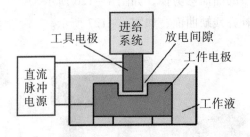

图 4 - 132　电火花放电原理图

放电间隙需根据放电面积大小和电极本身的材料而定。对于红铜电极，一般粗加工时可取 0.2 ~ 0.3，精加工时可取 0.1 左右。编程时，对于电极工作部分应根据放电间隙的大小采用负余量加工。

以如图 4 – 133 所示电极为例，数控铣编程工艺方案大致如下：

（1）大刀整体开粗（平刀）。

（2）顶面凹陷位残料加工（球刀）。

（3）顶面平坦部半精加工（球刀）。

（4）顶面平坦部精加工（球刀、负余量）。

（5）整个工作部位等高精加工（球刀、负余量，加工时此刀路 Z 轴方向上抬 0.02 ~ 0.03）。

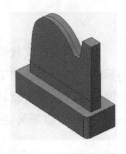

图 4 – 133　电极模型

（6）顶面平面精加工（平刀、负余量）。

（7）碰数台阶顶面精加工（平刀、零余量）。

（8）碰数台阶侧面精加工（平刀、零余量）。

请读者根据上述步骤和本模块前面的相关知识自行练习，编制刀路。

3. **碰数的确定**

（1）X、Y 轴方向碰数。

如图 4 – 134 所示，采用电极碰数台阶四周分中碰数。电极碰数台阶的中心与模具（凸模）中心在两坐标轴方向上的距离分别为 $X23$、$Y18.5$。

（2）Z 轴方向碰数。

如图 4 – 135 所示，确定 Z 轴方向碰数有以下两种方法：

①采用电极最高平面碰分型面并上抬一个火花位的距离即为 Z 轴方向最终放电深度。

②采用电极碰数台阶顶面碰左侧分型面并上抬 16.963 即为 Z 轴方向最终放电深度。

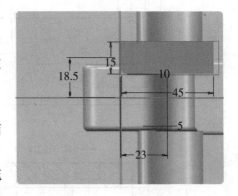

图 4 – 134　X、Y 轴方向碰数

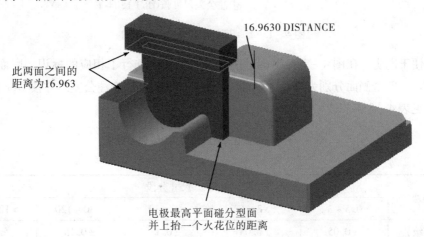

图 4 – 135　Z 轴方向碰数

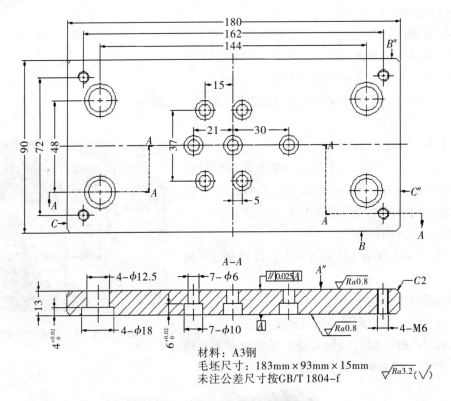

任务 ④ 顶针固定板的加工

在模具制作实践教学中，为了重复利用废旧模架，并避免旧顶针固定板受顶针孔位置的影响，必须另外加工新的顶针固定板。如图 4 – 136 所示为顶针固定板 2D 零件图（见本书网络课件：注射模具设计与制造 \ 大象手机支架注射模 \ 2D 图档 \ Ejector_retainer_plate. dwg），以下简要介绍其加工工艺。

材料：A3钢
毛坯尺寸：183mm × 93mm × 15mm
未注公差尺寸按GB/T 1804–f

图 4 – 136　+顶针固定板 2D 零件图

为了便于说明，在图 4 – 136 中，对模板的六个平面进行了相应的标识，底面为 A 面，顶面为 A″面，四个侧面分别为 B 面、B″面、C 面、C″面。图中未注公差尺寸按 GB/T 1804 – f 标准，详见表 4 – 3（节选）。

表 4 – 3　一般公差线性尺寸的极限偏差数值

单位：mm

公差等级	尺寸分段				
	0.5 ~ 3	>3 ~ 6	>6 ~ 30	>30 ~ 120	>120 ~ 400
f（精密级）	± 0.05	± 0.05	± 0.1	± 0.15	± 0.2

（续上表）

公差等级	尺寸分段				
	0.5~3	>3~6	>6~30	>30~120	>120~400
m（中等级）	±0.1	±0.1	±0.2	±0.3	±0.5
c（粗糙级）	±0.2	±0.3	±0.5	±0.8	±1.2
v（最粗级）		±0.5	±1	±1.5	±2.5

从图 4-136 零件图可知，用于加工新顶针固定板的材料为 A3 钢（正常应为 45 钢），毛坯尺寸为 183mm×93mm×15mm，上下面有平行度要求且对表面粗糙度要求较高，对回针孔和顶针孔、沉头孔的深度要求较高，锐边须倒角。据此，制订其加工工艺方案，见表 4-4。

表 4-4 顶针固定板机械加工工艺过程卡片

广州市轻工高级技工学校		机械加工工艺过程卡片				共 2 页	
						第 1 页	
零件名称	顶针固定板	材料	A3 钢	毛坯尺寸	183mm×93mm×15mm		
车间名称	工序号	工序名称	设备	切削工具	夹具	量（检）具	
数铣车间	10	以 B 面作为定位面铣 B″面	数控铣	面铣刀或φ12 平刀	机用平口钳	游标卡尺	
	20	以 B″面为定位面铣 B 面，控制宽度尺寸 90	数控铣	面铣刀或φ12 平刀	机用平口钳	游标卡尺	
	30	以 A 面作为定位面，粗铣 A″面	数控铣	面铣刀或φ12 平刀	机用平口钳	游标卡尺	
	40	以 A″面为定位面粗铣 A 面，控制厚度尺寸 13 至 13.4	数控铣	面铣刀或φ12 平刀	机用平口钳	游标卡尺	
	50	以 C 面作为定位面铣 C″面（夹紧前须用百分表检测 B 或 B″面，使之处于铅垂状态）	数控铣	面铣刀或φ12 平刀	机用平口钳	游标卡尺、百分表	
	60	以 C″面为定位面铣 C 面，控制长度尺寸 180	数控铣	面铣刀或φ12 平刀	机用平口钳	游标卡尺	

（续上表）

广州市轻工高级技工学校		机械加工工艺过程卡片				共 2 页
						第 2 页
零件名称	顶针固定板	材料	A3 钢	毛坯尺寸		183mm×93mm×15mm
车间名称	工序号	工序名称	设备	切削工具	夹具	量（检）具
磨削车间	70	以 A 面作为定位面，精磨 A"面	平面磨床	白刚玉砂轮	电磁吸盘、挡块	游标卡尺
	80	以 A"面为定位面精磨 A 面，控制厚度尺寸至 13	平面磨床	白刚玉砂轮	电磁吸盘、挡块	游标卡尺
数铣车间	90	（1）打各孔中心钻	数控铣	中心钻	机用平口钳	游标卡尺、百分表、分中棒
		（2）钻 M6 螺纹孔底孔	数控铣	φ5 钻头	机用平口钳	游标卡尺
		（3）钻顶针过孔及回针孔	数控铣	φ6 钻头	机用平口钳	游标卡尺
		（4）扩钻回针孔	数控铣	φ12.5 钻头	机用平口钳	游标卡尺
		（5）铣顶针沉头孔（或锪孔）	数控铣	φ6 平刀或φ10 锪孔钻	机用平口钳	游标卡尺、顶针
		（6）铣回针沉头孔（或锪孔）	数控铣	φ6 平刀或φ18 锪孔钻	机用平口钳	游标卡尺、回针
模具装配车间	100	攻 M6 螺纹孔	钳工台、自动攻丝机	丝锥	老虎钳	游标卡尺、M6 螺钉
	110	去毛刺、锐边倒钝	钳工台	修边器、锉刀、打磨机	老虎钳	游标卡尺

任务 ⑤ 浇口套及顶针的加工

浇口套和顶针均为模具标准件，由专业厂家制造和供应，模具厂本身一般并不会生产浇口套和顶针，模具制造时应根据模具设计图纸尺寸进行订购。本任务浇口套和顶针的加工仅针对它们的长度进行控制。如图 4-137 所示，在模具装配图中，浇口套细端长度尺寸为 L_1、顶针 1 长度为 L。

由图可知：

$L_1 = C_1 + D_1$ 又因为 $D_1 = A_1 - B_1$ 所以

$L_1 = C_1 + (A_1 - B_1)$ （1）

$L = E + F + G$ 又因为 $F = A - B$，$G = C - D$ （其中 C 为方铁厚度） 所以

$L = E + (A - B) + (C - D)$ （2）（若有垃圾钉，还应减去垃圾钉的厚度）

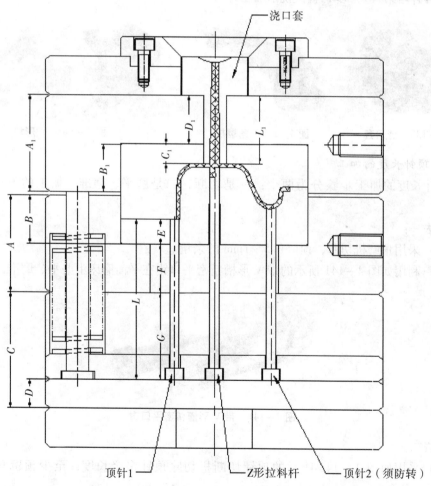

图 4-137 浇口套及顶针的长度设计尺寸

在没有模具装配图的情况下，可通过（1）、（2）两式大致确定浇口套及顶针的长度。即使有模具装配图，在图纸上所量取的浇口套及顶针的设计长度也只能作为参考使用，原因有两个方面：一是模架的尺寸与图纸尺寸可能存在偏差；二是凹模和凸模的厚度尺寸在实际模具制作中不一定与图纸设计尺寸完全一致。因此在实际的模具制作中，应通过试配、打红丹等方法来检验和控制浇口套及顶针的实际加工长度是否合适。实际加工中切勿奢求一步到位、一步做准，而应通过多次反复试配，调整加工余量来保证加工长度等尺寸的精确性。

1. 浇口套长度的加工

如图4-138所示为浇口套实物，如细端偏长比较多，可按以下方法加工其长度：

（1）在钳工台上用老虎钳夹紧大端，使用如图4-139所示的角磨机切断长出的部分，预留2~3mm余量。

（2）在铣床上用平口钳夹紧大端（以如图4-140所示的V形块作为辅助定位元件）将细端端面铣平、铣准（要通过多次反复试配，调整加工余量来实现），如细端长度偏长不多，可省略第（1）步，直接铣削加工即可。

图4-138　浇口套

图4-139　角磨机

图4-140　V形块

2. 顶针长度的加工

顶针长度的加工步骤分为两个：一是切断，二是磨平、磨准。加工的方法有以下三种：

方法一：

（1）采用角磨机切断，预留0.5~1mm的余量。

（2）利用如图4-141所示的带V形槽精密平口钳在平面磨床上磨平、磨准。

图4-141　带V形槽精密平口钳

方法二：

（1）采用如图4-142所示的顶针切断机切除顶针多余长度，至少预留0.2mm的余量。

（2）利用带 V 形槽精密平口钳在平面磨床上磨平、磨准。

方法三：

采用如图 4-143 所示的顶针切断研磨机切除顶针多余长度，至少预留 0.2mm 的余量；并在该设备上直接磨平、磨准。

图 4-142　顶针切断机　　　　　图 4-143　顶针切断研磨机

换言之，顶针切断机功能较单一，只切不磨，不能靠其准确控制顶针长度，同时顶针端面与轴线垂直度也不能很准确地把握，因此还须与平面磨床结合使用；顶针切断研磨机则功能较复合，很好地满足了切断与磨平、磨准两方面的要求。

3．Z 形拉料杆的加工

如图 4-144 所示的 Z 形拉料杆兼有拉主流道凝料及顶出制品的双重作用。其缺点是顶出之后不能与制品自动分离，需要人工取件，适用于半自动注射生产方式。

图 4-144　Z 形拉料杆

Z 形拉料杆的加工方法如下：

（1）采用角磨机或顶针切断机切断至合适长度（一般无须太精确）。

（2）采用如图 4-145 所示的砂轮磨刀机磨出"Z"形缺口。

图 4-145　砂轮磨刀机

1. 材料及工具

模具抛光常用的工具有：砂纸、油石、绒毡轮、研磨膏、合金锉刀、钻石磨针、竹片、纤维油石、打磨机。

砂纸：150#、180#、320#、400#、600#、800#、1000#、1200#、1500#。

油石：180#、240#、320#、400#、600#。

绒毡轮：圆柱形、圆锥形、方形、尖嘴。

研磨膏：1#（白色）、3#（黄色）、6#（橙色）、9#（绿色）、15#（蓝色）、25#（褐色）、35#（红色）、60#（紫色）。

合金锉刀：方、圆、扁、三角及其他形状。

钻石磨针：一般为 3/32 英寸或 1/8 英寸柄，有圆波形、圆柱形、长直柱形、长圆锥形。

竹片：各式形状适合操作者及模具形状而造，作用是压着砂纸在工件上研磨，以达到所要求的表面粗糙度。

纤维油石：200#（黑色）、400#（蓝色）、600#（白色）、800#（红色）。

2. 分型面修配方法

分型面修配（俗称飞模）的目的是检查模具分型面的配合效果，具体操作方法如下：

（1）如图 4－146 所示，一般以凹模为准，分型面涂上红丹，模仁须安装到模框之中，依靠导柱、导套进行配合，如图 4－147 所示。

图 4－146　分型面上涂红丹

图 4－147　相互配合的两半模具

（2）合模，如图 4－148 所示。

（3）对模具进行施压，可采用铜锤进行大力锤击，如图 4－149 所示。

图 4-148 合模

图 4-149 对模具进行施压

（4）打开模具，检查两半模具红丹着色情况的变化，如图 4-150 所示。

图 4-150 检查红丹着色情况的变化

（5）根据红丹的分布以及深浅判断凹凸模分型面的贴合程度，对凸模上发黑顶死部位可通过锉削、打磨机磨削快速去除多余的材料，如图 4-151、图 4-152 所示。

图 4-151 锉刀修配

图 4-152 打磨机修配

（6）反复操作以上步骤，每次修配后，凹凸模分型面的贴合程度会逐步得到改善，凸模被印上红丹的面积会逐步增加，如图 4-153、图 4-154 和图 4-155 所示。直至未打红丹的凸模分型面全部较为均匀地印上红丹，则完成飞模。

图 4 – 153　第一次修配

图 4 – 154　第二次修配

图 4 – 155　第三次修配

3. 抛光工艺流程

抛光（俗称省模）的目的有两个：一是增加模具的光洁度，使模具成型的塑料产品的表面光洁、美观；二是使塑件更加容易脱模，而不至于被粘在模具上脱不下来。

（1）粗抛。

精铣、电火花加工、磨削等工艺后的表面可以选择转速 35 000 ~ 40 000r/min 的旋转抛光机进行表面抛光，然后再手工油石研磨。条状油石加煤油作为润滑剂或冷却剂。使用油石的顺序为 180#→240#→320#→400#→600#→800#→1000#。油石研磨方法如图 4 – 156 所示。

图 4 – 156　油石研磨

（2）半精抛。

半精抛主要使用砂纸和煤油。砂纸的号数依次为：400#→600#→800#→1000#→1200#→1500#。实际上 1500#砂纸只适用于淬硬的模具钢（52HRC 以上），而不适用于预硬钢，因为这样可能会导致预硬钢件表面损伤，无法达到预期抛光效果。如图 4 – 157 所示，利用砂纸抛光时须以竹片按压砂纸来回推磨。

图 4 – 157　砂纸推磨

注意的事项：

①对于硬度较高的模具表面只能用清洁和软的油石打磨工具。

②在打磨中转换砂号级别时，工件和操作者的双手必须清洗干净，避免将粗砂粒带到下一级较细的打磨操作中。

③在进行每一道打磨工序时，砂纸应从不同的45°方向去打磨，直至消除上一道的砂纹，当上一道的砂纹清除后，必须再延长25%的打磨时间，然后才可转换下一道更细的砂号。

④打磨时变换不同的方向可避免工件产生波浪等高低不平的情况。

（3）精抛。

精抛主要使用钻石研磨膏。若用抛光布轮混合钻石研磨粉或研磨膏进行研磨，则通常的研磨顺序是 $9\mu m$（1800#）→ $6\mu m$（3000#）→ $3\mu m$（8000#）。$9\mu m$ 的钻石研磨膏和抛光布轮可用来去除1200#和1500#号砂纸留下的发状磨痕。接着用绒毡轮和钻石研磨膏进行抛光，顺序为 $1\mu m$（14000#）→ $1/2\mu m$（60000#）→ $1/4\mu m$（100000#）。钻石研磨膏研磨方法如图4–158所示。

图 4 – 158　钻石研磨膏研磨

注意的事项：

钻石研磨膏抛光必须尽量在较轻的压力下进行，特别是抛光预硬钢件和用细研磨膏抛光时。在用8000#研磨膏抛光时，常用载荷为 $100\sim200g/cm^2$，但要保持此载荷的精准度是很难做到的。为了方便做到这一点，可以在木条上做一个薄且窄的手柄，或者在竹条上切去一部分而使其更加柔软。这样可以帮助控制抛光压力，以确保模具表面压力不会过高。当使用钻石研磨膏抛光时，不仅工作表面要求洁净，工作者的双手也必须十分清洁。

4. 塑料模抛光应注意的事项

（1）当一新模腔开始加工时，应先检查工件表面，用煤油清洗干净表面，使油石面不会粘上污物导致失去切削的功能。

（2）研粗纹时要按先难后易的顺序进行，特别是一些难研的死角，较深底部要先研，最后是侧平面和大平面。

（3）部分工件可能有多件组拼在一起研光，要先分别研单个工件的粗纹或火花纹，后将所有工件拼齐研至平滑。

（4）大平面或侧平面的工件，用油石研去粗纹后再用平直的钢片做透光检测，检查是否有不平或倒扣等不良情况出现，如有倒扣则会导致制件脱模困难或制件拉伤。

（5）为防止模具工件研出倒扣或有一些贴合面需保护的情况，可用锯片粘贴或用砂纸贴在边上，这样可得到理想的保护效果。

（6）研模具平面要前后拉动，拖动油石的柄应尽量放平，不要超出 25°，因斜度太大，力由上向下冲，易在工件上研出很多粗纹。

（7）如果用铜片或竹片压着砂纸抛光工件的平面，砂纸不应大过工具面积，否则会研到不该研的地方。

（8）尽量不要用打磨机修分模面，因砂轮头修整的分模面比较粗糙，并有波浪，使高低不平，如必须用时，应将砂轮头粘修至同心度平衡。

（9）研磨的工具形状应跟模具的表面形状接近一致，这样才能确保工件不被研变形。

任务 ⑦　模具装配与调试

一、模具装配

1. 工、量具准备

应准备钻头，铰刀，丝锥，锉刀，撬笔，铜棒，手锤，内六角扳手，平行垫铁，C 型夹具，油石，红丹，游标卡尺，百分表及表架，深度尺，塞尺，内、外径千分尺等。如图 4 - 159 所示为部分常用装配工具。

图 4 - 159　常用装配工具（部分）

2．工件的准备

（1）如图4－160所示，按装配图明细表将零件备齐，并把各零件锐边倒钝，进行去磁、去锈处理。

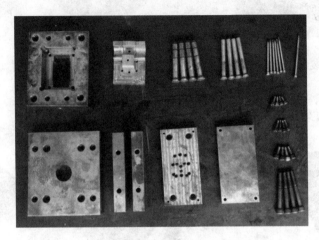

图4－160　模具零件

（2）按零件图检查各零件的尺寸及表面质量是否符合要求。

3．装配场地要求

装配场地的温度为常温（20±3℃）；装配场地要干燥，相对湿度为40%～60%；装配场地应装吸尘器，以保持空气的清洁，操作者着装也必须干净；装配场地应坚实，与振源（如空气外向锤、大型机床等）的距离要在100m以上，并设置防振沟。

4．模具装配步骤

（1）凹模与定模板的装配，如图4－161所示。

（a）准备装配零件　　　　　　（b）零件装配　　　　　　（c）完成装配

图4－161　凹模与定模板的装配

（2）定模板与定模座板的安装，如图4－162所示。

（a）准备装配零部件　　　　　（b）零件装配　　　　　（c）完成装配

图4-162　定模板与定模座板的安装

（3）定位环的安装，如图4-163所示。

（a）准备装配零部件　　　　　（b）零件装配　　　　　（c）完成装配

图4-163　定位环的安装

（4）凸模与动模板的装配，如图4-164所示。

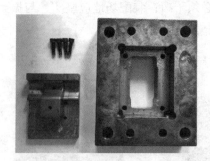  

（a）准备装配零件　　　　　（b）零件装配　　　　　（c）完成装配

图4-164　凸模与动模板的装配

（5）导柱的安装，如图4-165所示。

（a）准备装配零件　　　　　（b）零件装配　　　　　（c）完成装配

图4-165　导柱的安装

（6）垫块与动模座板的安装，如图4-166所示。

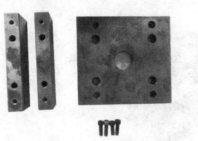

（a）准备装配零件　　　　　　　（b）完成装配

图4-166　垫块与动模座板的安装

（7）顶出机构的装配，如图4-167所示。

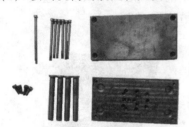

（a）准备装配零件　　　　（b）复位杆的装配　　　　（c）推杆的装配

（d）推杆与动模板的装配　　　　（e）安装推件板

图4-167　顶出机构的装配

（8）动模板与动模座板的连接，如图4-168所示。

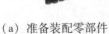

（a）准备装配零部件　　　　　　（b）完成装配

图4-168　动模板与动模座板的连接

（9）合模，如图 4 - 169 所示。

图 4 - 169 合模

（10）安装吊环，如图 4 - 170 所示，动模与定模上的吊环之间采用螺栓连接，防止吊装时模具打开落下。至此，模具装配完毕，并做好了吊装前的准备。

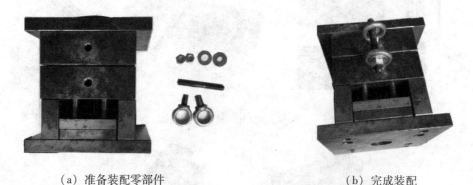

（a）准备装配零部件 　　　　　　　　　　　　（b）完成装配

图 4 - 170 吊环的安装

二、模具在注射机上的安装

1. 工具准备

准备压板、螺栓、垫铁、码模夹、内六角扳手、梅花扳手、活动扳手、铜棒、手锤等工具，如图 4 - 171 所示。

图 4 - 171 准备相关工具

2. 吊装模具

（1）开启注射机，接通电源，如图4－172所示。

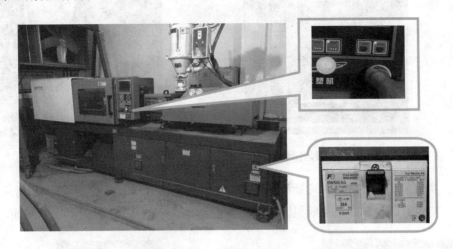

图4－172 开启注射机

（2）清理注射机模板平面及定位孔、模具安装面上的污物、灰尘等，如图4－173所示。

图4－173 清洁注射机模板

（3）调整移动模板与固定模板间的距离，使其略大于模具厚度。可用直尺测量动、定模板距离和模具高度，有自动调模控制的注射机可直接设定模具高度，如图4－174所示。

（4）应根据模具的大小和现场吊装条件选择吊装形式。如图4－175所示，起吊模具。必须注意安全，人禁止站在模具下方，要与模具保持一定的距离。

图 4 – 174　调整移动模板与固定模板间的距离

图 4 – 175　起吊模具

（5）从注射机拉杆之间、移动模板与固定模板之间放入模具，如图 4 – 176 所示。

（6）使模具定位环对正注射机固定模板的中心孔（定位孔），如图 4 – 177 所示。

图 4 – 176　放入模具

图 4 – 177　模具定位环对正注射机固定模板的中心孔

（7）查看定位后的模具情况，观察模具的定模座板是否紧贴注射机的固定模板，如图 4 – 178 所示。

图 4 – 178　查看定位后的模具情况

（8）关好安全门，然后进行低压低速合模，并压紧模具，如图 4 – 179 所示。

图 4 – 179　压紧模具

（9）安装码模夹，并压紧模具的动模座板和定模座板（注意掌握好压紧力度），注意码模夹要压平、压实，如图 4 – 180 所示。如无码模夹，也可通过螺栓压板方式进行码模。

（10）松开连接动模与定模吊环之间的螺栓，如图 4 – 181 所示。

图 4 – 180　码紧模具　　　　图 4 – 181　松开连接动模与定模吊环之间的螺栓

（11）开模检查，了解凸模、凹模结构特点，检查模具内部是否有杂物，如图 4 – 182 所示。

图4-182　开模检查

三、试模

1. 试模的目的

模具的调整与试模称为调试。模具装配完成以后，在交付生产之前，应进行试模，试模的目的有二：一是检查模具在制造上存在的缺陷，查明原因并加以排除；二是对模具设计的合理性进行评定并对成型工艺条件进行探索，这将有益于模具设计和成型工艺水平的提高。

2. 注射模调试前的检查

（1）模具外观检查。

①模具闭合高度、安装于机床的各配合尺寸、顶出形成开模距、模具工作要求等要符合所选定设备的技术条件。

②大中型模具为便于安装及搬运，应有起重孔或吊环。模具外露部分的锐角要倒钝。

③各种接头、阀门、附件、备件应齐备。模具要有合模标记。

④成型零件、浇注系统表面应光洁，无塌坑及明显伤痕。

⑤各滑动零件配合间隙要适当，无卡住及紧涩现象。活动要灵活、可靠，起止位置的定位要正确，各镶嵌件、紧固件要牢固，无松动现象。

⑥模具要有足够的强度，工件受力要均匀，模具稳定性良好。

⑦加料室和柱塞高度要适当，凸模（或柱塞）与加料室配合间隙应合适。

⑧工作时互相接触的承压零件（如互相接触的型芯、凸模与挤压环、柱塞与加料室）之间应有适当的间隙和合理的承压面积及承压形式，以防止工作时零件的直接挤压。

（2）模具空运转检查。

①合模后各承压面（分型面）之间不得有间隙，接合要严密。

②活动型芯、顶出及导向部位运动及滑动要平稳，动作要灵活，定位导向要正确。

③锁紧零件要安全可靠，紧固件不松动。

④开模时，顶出部分应保证顺利脱模，以方便取出塑件及浇注系统废料。

⑤冷却水要通畅，不漏水，阀门控制要正常。

⑥电加热系统无漏电现象，安全可靠。

⑦各气动液压控制机构动作要正常。

⑧各附件齐全，工作状况良好。

（3）原料准备。

准备试模所需的原料，检查试模原料是否符合图样规定的技术要求，并对原料进行预热与烘干。

3. 试模中易产生的问题及解决办法

注塑件常见成型缺陷及解决方案如表 4 – 5 所示。

表 4 – 5　注塑件常见成型缺陷及解决方案

成型缺陷	原因分析	解决方案
短射——指模具型腔不能被完全充满的一种现象	1. 模温、料温或注塑压力和速度过低 2. 原料塑化不均 3. 排气不良 4. 原料流动性不足 5. 制件太薄或浇口尺寸太小 6. 聚合物熔体由于结构设计不合理导致过早固化	1. 材料：选用流动性更好的材料 2. 模具设计： （1）填充薄壁之前先填充厚壁，避免出现滞留现象 （2）增加浇口数量和流道尺寸，减少流程比及流动阻力 （3）排气口的位置和尺寸设置适当，避免出现排气不良的现象 3. 注塑机： （1）检查止逆阀和料筒内壁是否磨损严重 （2）检查加料口是否有料或是否架桥 4. 工艺条件： （1）增大注塑压力和注塑速度，增强剪切热 （2）增大注塑量 （3）增加料筒温度和模具温度
困气——指困在型腔内的气体不能被及时排出，导致出现表面起泡，制件内部夹气，注塑不满等现象	由于两股熔体前锋交汇时气体无法从分型面、顶杆或排气孔中排出而造成	1. 产品设计：尽量保证壁厚均匀 2. 模具设计： （1）在最后填充的地方增设排气口 （2）重新设计浇口和流道系统 3. 工艺条件： （1）降低最后一级注塑速度 （2）增加模温

（续上表）

成型缺陷	原因分析	解决方案
发脆——指塑件在某些部位容易开裂或折断	1. 干燥条件不适合；使用过多回收料 2. 注塑温度设置不对 3. 浇口和流道系统设置不恰当 4. 熔接痕强度不高	1. 材料： （1）注塑前设置适当的干燥条件 （2）减少使用回收料，增加原生料的比例 （3）选用高强度的塑胶 2. 模具设计：增大主流道、分流道和浇口尺寸 3. 注塑机：选择设计良好的螺杆，使塑化时温度分配更加均匀 4. 工艺条件： （1）降低料筒和喷嘴的温度 （2）降低背压、螺杆转速和注塑速度 （3）通过增加料温，加大注塑压力，提高熔接痕强度
烧焦——指型腔内气体不能及时排走，导致在流动最末端产生烧黑现象	1. 型腔空气不能及时排走 2. 材料降解：过高熔体温度；过快螺杆转速；流道系统设计不当	1. 模具设计： （1）在容易产生排气不良的地方增设排气系统 （2）加大流道系统尺寸 2. 工艺条件： （1）降低注塑压力和速度 （2）降低料筒温度 （3）检查加热器、热电偶是否工作正常
飞边——指在模具分型面或顶杆等部位出现多余的塑料	1. 合模力不足 2. 模具存在缺陷 3. 成型条件不合理 4. 排气系统设计不当	1. 模具设计： （1）合理设计模具，保证模具合模时能够紧闭 （2）检查排气口的尺寸 （3）清洁模具表面 2. 注塑机：选择吨位大小适当的注塑机 3. 成型工艺： （1）增加注塑时间，降低注塑速度 （2）降低料筒温度和喷嘴温度 （3）降低注塑压力和保压压力
分层起皮——指制件表面能被一层一层地剥离	1. 混入不相容的其他高分子聚合物 2. 成型时使用过多的脱模剂 3. 树脂温度不一致 4. 水分过多 5. 浇口和流道存在尖锐的角	1. 材料：避免不相容的杂质或受污染的回收料混入原料中 2. 模具设计：对所有存在尖锐角度的流道或浇口进行倒角处理 3. 工艺条件： （1）增加料筒和模具温度 （2）成型前对材料进行恰当的干燥处理 （3）避免使用过多的脱模剂

（续上表）

成型缺陷	原因分析	解决方案
喷流痕——指由于熔胶流动太快引起的一种喷射痕迹，一般呈蛇纹状	1. 浇口尺寸太小，又正对着截面积很大的产品面 2. 充填速度太快	1. 模具设计： （1）增大浇口尺寸 （2）将侧浇口改为搭接式浇口 （3）浇口正前方增加挡料销 2. 工艺条件：降低刚通过浇口处的充填速度
流痕——指在产品表面呈波浪状的成型缺陷，是由于熔胶流动缓慢引起的一种蛙跳痕迹	1. 模温和料温过低 2. 注塑速度和压力过低 3. 流道和浇口尺寸过小 4. 由于产品结构的原因，引起充填流动时加速度过大	1. 模具设计： （1）增大流道中冷料井的尺寸 （2）增大流道和浇口的尺寸 （3）缩短主流道尺寸或改用热流道 2. 工艺条件： （1）增加注塑速度 （2）增加注塑压力和保压压力 （3）延长保压时间 （4）增加模温和料温
雾斑——指浇口附近产生的云雾状色变	浇口太小或进胶处型腔太薄，熔胶流量大，断面积小时，剪切速率大，剪切应力往往跟着提高，以致熔胶破折，产生雾斑现象	通过 Moldflow 模拟，可以预测熔胶通过狭隘区时的温度、剪切速率和剪切应力。而 Moldflow 一般都会提供各种塑料料温、剪切速率和剪切应力的上限。Moldflow 工程师可以根据分析结果作相应的调整，找出适当的浇口尺寸和进胶处型腔壁厚，从而消除雾斑
银纹——指水分、空气或碳化物顺着流动方向在制件表面呈现发射状分布	1. 原料中水分含量过高 2. 原料中夹有空气 3. 聚合物降解：材料被污染；料筒温度过高；注塑量不足	1. 材料：注塑前先根据原料商提供数据干燥原料 2. 模具设计：检查是否有充足的排气位置 3. 成型工艺： （1）选择适当的注塑机和模具 （2）切换材料时，把旧料完全从料筒中清洗干净 （3）改进排气系统 （4）降低熔体温度、注塑压力或注塑速度
凹痕——指制件在壁厚处出现表面下凹的现象	1. 注塑压力或保压压力过低 2. 保压时间或冷却时间过短 3. 熔体温度或模温过高 4. 制件结构设计不当	1. 产品设计： （1）在易出现凹痕的表面进行波纹状处理 （2）减小制件厚壁尺寸，尽量减小厚径比，相邻壁厚比应控制在 1.5~2，并尽量圆滑过渡 （3）重新设计加强筋、沉孔和角筋的厚度，它们的厚度一般推荐为基本壁厚的 40%~80% 2. 成型工艺： （1）增加注塑压力和保压压力 （2）增加浇口尺寸或改变浇口位置

（续上表）

成型缺陷	原因分析	解决方案
熔接痕——指两股料流相遇熔接而产生的表面缺陷	制件中如果存在孔、嵌件或是多浇口注塑模式或是制件壁厚不均，均可能产生熔接痕	1. 材料：增加塑料熔体的流动性 2. 产品设计：调整产品结构和壁厚分布 3. 模具设计： （1）改变浇口的位置 （2）增设排气槽 4. 工艺条件： （1）增加熔体温度 （2）降低脱模剂的使用量
成型周期长（充填时间、保压时间、冷却时间，再加上开合模的时间，就是成型周期）		运用 Moldflow 软件，可以准确地预测出充填时间、保压时间、冷却时间，并可通过优化产品壁厚、模具结构和工艺条件，来缩短成型周期，提高生产率
翘曲变形——指塑件未按照设计的形状成型，发生表面扭曲变形的现象	1. 模具设计：浇注系统、冷却系统与顶出系统等设计不合理 2. 产品结构：塑件壁厚的变化、具有弯曲或不对称的几何形状、加强筋及 BOSS 柱设计不合理等 3. 生产工艺：塑件尚未完全冷却就顶出，注射和保压曲线不合理等 4. 塑胶材料：塑件材料有、无添加填充料的差异，收缩率的大小等	Moldflow 将产品的翘曲变形归纳为四个主要因素： 1. 冷却不均匀：冷却水路设计不合理，使产品不能获得均匀的冷却 解决方案：优化冷却水路 2. 收缩不均匀：产品各处收缩不一致 解决方案：更改材料、产品结构、浇口数量和位置、保压曲线 3. 纤维取向不均匀：纤维取向不均匀可引起产品大的翘曲变形 解决方案：调整浇口数量和位置，改善产品结构 4. 角落效应：深盒状产品角落处热量集中，收缩较大，带来弯曲变形 解决方案：加强角落处冷却、减薄角落处壁厚

在试模过程中应尽可能进行详细记录，并将试模结果填入试模记录卡，注明模具是否合格。如需要返修，应提出修改建议，并摘录试模时的工艺条件和操作要点及注射成型制品的情况，以供参考。

试模后合格的模具，应钉上模具标记，如模具编号、合模标记及组装基准面等，将各部分清理干净，涂上防锈油后入库。

参 考 文 献

[1] 曹宏深，赵仲治. 塑料成型工艺与模具设计 ［M］. 北京：机械工业出版社，2012.

[2] 黄毅宏，李明辉. 模具制造工艺 ［M］. 北京：机械工业出版社，2011.

[3] 黄开旺. 注塑模具设计实例教程 ［M］. 大连：大连理工大学出版社，2009.

[4] 王树勋. 注塑模具设计与制造实用技术 ［M］. 广州：华南理工大学出版社，1993.

[5] 熊建武，宋炎荣. 模具零件公差配合的选用 ［M］. 北京：机械工业出版社，2012.

[6] 杨占尧. 塑料模具标准件及设计应用手册 ［M］. 北京：化学工业出版社，2008.

[7] 北京兆迪科技有限公司. Creo2.0 模具设计教程 ［M］. 北京：机械工业出版社，2013.

[8] 蔡冬根. Mastercam X3 应用与实例教程 ［M］. 北京：人民邮电出版社，2014.

[9] 应龙泉. 模具制作实训 ［M］. 北京：人民邮电出版社，2007.

[10] 朱树新. 模具机械加工技能训练 ［M］. 北京：电子工业出版社，2006.

[11] 戴刚. 模具制造综合技能训练 ［M］. 北京：电子工业出版社，2006.

[12] 甄瑞麟. 模具制造技术 ［M］. 北京：机械工业出版社，2008.

[13] 杨海鹏. 模具拆装与测绘 ［M］. 北京：清华大学出版社，2009.

[14] 朱磊. 模具装配、调试与维修（任务驱动式）［M］. 北京：机械工业出版社，2012.

[15] 宫宪惠. 模具安装调试与维修 ［M］. 北京：人民邮电出版社，2009.

[16] 任建伟. 模具工程技术基础 ［M］. 北京：高等教育出版社，2002.